钓鱼技巧100问

◎ 李典友　高本刚　编著

U0422894

中国农业科学技术出版社

图书在版编目（CIP）数据

钓鱼技巧100问／李典友，高本刚编著．—北京：中国农业科学技术出版社，2016.1

ISBN 978－7－5116－2302－7

Ⅰ.①钓…　Ⅱ.①李…②高…　Ⅲ.①钓鱼（文娱活动）－问题解答　Ⅳ.①G897－44

中国版本图书馆CIP数据核字（2015）第241551号

选题策划　闫庆健
责任编辑　闫庆健　杜　洪
责任校对　贾海霞

出 版 者　中国农业科学技术出版社
北京市中关村南大街12号　邮编：100081
电　　话　(010)82106632(编辑室)　(010)82109704(发行部)
(010)82109709(读者服务部)
传　　真　(010)82106625
网　　址　http://www.castp.cn
经 销 者　各地新华书店
印 刷 者　北京华忠兴业印刷有限公司
开　　本　850mm×1 168mm　1/32
印　　张　7.75
字　　数　161千字
版　　次　2016年1月第1版　2016年1月第1次印刷
定　　价　28.00元

版权所有・翻印必究

前　言

钓鱼是一项全身运动，不仅能丰富职工业余体育生活，也是退休后通过钓鱼锻炼身体、修身养性、活动强身的作用。“坐观钓鱼者，徒有羡鱼情”。天气晴，好友逢假相邀走向大自然，到湖滨、河畔、溪流、塘边绿荫之下、菱荷之侧，安坐水边静钓，身心融入大自然。在开阔的旷野呼吸着清新空气和日光浴，心无二念，两眼光盯着水面上的鱼钩，调节大脑皮层的兴奋区，这时候任何烦恼忧愁均抛于脑后，使人长期紧张和压抑的心理得以解放，在垂钓过程中，其静中有动，动中有静，反复扬竿和遛鱼，使人体躯干和肢体关节得到协调运动。当您手握细竿面临获得蹦跳挣扎拉出水面的鱼时，更是其乐无穷，能使令人心旷神怡，心胸开朗，有益身心健康。传统医学推荐，钓鱼是一种很好的医疗保健处方，它能祛忧虑，平心态，解除“心脾燥热”，促进心肺脑的生理功能，能调节体内气血，愉悦身心，使疲劳恢复，提高工作效率，对脑血管及一些常见病如失眠症和关节炎等患者，经常垂钓有一定的辅助治疗作用。每当“夕阳长送垂钓车归”享用自我劳动成果的乐趣，感到那份征服感和胜利感。垂钓乐趣对人体健康的好处真是一言难尽。

该书长期收集各处垂钓者的垂钓技巧和经验，经过总结、整理、筛选编写成《钓鱼技巧100问》一书。书中详细阐述了科学选择垂钓钓位、钓具选用、钓饵种类及其配制与使用、鱼的生活习性、影响鱼儿生活的因素、淡水鱼和海洋鱼垂钓常用技法、高效垂钓技巧、钓鱼竞技比赛、钓鱼活动中应注意的事项，以及活鱼保鲜、烹调等知识内容。书中的内容丰富、新颖、科学、实用、可操作性强、通俗易懂，能助垂钓者掌握钓鱼窍门，非常适合广大钓鱼爱好者阅读。

由于编著者水平所限，垂钓技艺浅薄，书中难免有不当或纰漏之处，敬请钓友不吝赐教、指正。

编著者

2015.7 于皖西学院大别山发展研究院

目　录

第一章　钓位的科学选择与钓具选用

一、钓位的科学选择

鱼都有自己的活动规律和范围，有一定的觅食和栖息地点，选择钓位就是找鱼窝，找鱼儿喜欢栖息、觅食及游戏的地方。必须熟悉各种鱼的生活习性。选好钓位是垂钓者能钓到多而且大的鱼的极为重要一环。若选到好的钓位加上诱钓饵良好、垂钓技巧高超可以满载而归，相反，如果没有选到良好的钓位，即使垂钓技巧高超、诱钓饵良好也可能一无所获。垂钓者要想选择到最佳钓位必须掌握钓鱼现场的水域、地理环境和鱼源等情况并紧密结合所钓鱼类习性受气候变化等因素影响的具体条件进行综合分析，探求钓什么鱼，选定什么最佳钓位，即能获得最佳效果。

1. 怎样根据季节变化选择钓位？

钓谚云：“春钓滩，夏钓潭，秋钓阴，冬钓阳”。春钓滩——滩就是浅水平坦之处，太阳一晒，此处温度先升，一般鱼类都有怕强光、喜暖畏寒而怕热的习性。三月春暖水温回升，浅水区水生动植物云集向阳浅滩水区，成了鱼儿觅食地方。夏钓潭——夏季高温烈日酷暑浅水区水温过高，鱼儿不适应，大多游到深水区和背阴处去“避暑”觅食，所以，夏季垂钓宜选水深2米以上，岸边有成排树荫、太阳光照射不到的水区。秋钓阴——因为初秋暑气尚未全消，中午前后，水温仍然很高，鱼儿大多在树荫底下苇草、荷叶等阴凉处纳凉避暑，同时有水生植物处多昆虫和浮游生物，鱼儿多聚集觅食，故宜选在树荫下等阴凉处垂钓。冬钓阳——冬季气温低多数鱼处于休眠状态，早晚水温低不宜垂钓，中午前后，在背风向阳处水温较高深水处能钓到鱼。在塘、湖钓鱼比河川钓鱼更适合一些。

“寒钓深，热钓滩”。天气寒冷，浅水处的温度较低，鱼儿一般喜欢聚集在深水处避寒；热天，流水的温度上升，但并不很高，而鱼儿活跃，喜欢到水浅石多、水流急的河滩活动。

钓谚云：“春钓雨雾，夏钓早，秋钓黄昏，冬钓草”等，也进一步阐明了按季节变化选择钓位的要诀。

2. 怎样根据地形、地物和水情选择钓点？

●鱼类常栖息的地方●

岸边有洞穴，有大树或竹林根、茅草，水中有坑洼、乱石滩、漂浮物，及水上建筑或桥梁、码头下有涵洞，这些都是鱼儿藏身的场所、鱼类觅食的地方。钓谚云“钓鱼不钓草，等于瞎胡跑”。有草的水域不仅饵料多，而且比较安全，鱼类家族中的多数成员都愿在水草丛中栖息、觅食、产卵繁殖。对垂钓者来说，水草虽然挂钩绕线，增加垂钓难度，但仍不失为钓鱼的理想场所。

钓湾“湾”指河塘、水库凹进去的地方。多为静水和浅水，水草多，水中有很多食物可供鱼儿觅食，无船只来往，是鱼儿栖息的天然场所，同时也是鱼儿在大风天气时的避风港，所以鲤鱼、草鱼、鲫鱼等鱼类都喜欢在那里聚集栖息和停留，尤其鲫鱼密集，垂钓者应以钓鲫鱼为主。钓鲫鱼时，最好用线虫、红蚯蚓作钓饵；钓鲤鱼、草鱼，垂钓当天不撒诱饵或少撒诱饵，用煮到七成熟的红苕丁或蒸熟的玉米粑作钓饵，垂钓效果较佳。钓谚“河岸平直钓凸处”“宽钓窄、窄钓宽，不宽不窄钓中间”。因为鱼儿平行河岸游动时要在凸岸处拐弯，最好是岸边有向水中央凸起的水域，凸角是鱼的必经之路，鱼儿就可能密集一些。如果整个一段河面比较宽，鱼儿上下游动，窄的地方密度也会相对地大一些。窄的地段水流速度大，其中，稍宽一些的地方，水流速度又会缓一些，游动的鱼类容易停顿下来憩息和觅食。不宽不窄的河段，边沿水浅，中间水深，水深处鱼也会多一些，是较理想的钓位。

钓谚云“方钓角，长钓腰，投饵之处进水道”。方、长是指水池的形状。方形水池，鱼的巡回游动必经四角，而且爱在四角停留休息，故应在四角垂钓。长形水池，鱼爱长边处来回游弋，长边的中间即腰是鱼必经之处，故应钓腰。

投饵之处，是指平时投喂饵料的地点。鱼养成了在此处就食的习惯，要进食就必到投饵处觅食。

进水道是指地面水灌入水池的进水道。流入的水中带有丰富的饵料及充足氧气，故此处是好钓位。

钓谚云："水库钓沟汊，浮钩钓靠坝，深浅钓交界，陡坡钓坡下。"在水库里垂钓比较困难，如果选择的钓位不适当，必定是十有九空。

钓位选在沟汊是因为水库水的面积大，又不投喂饵料，鱼觅食较为困难，除了食小鱼、小虾、水中微生物外，只有到水边上寻找掉进去的昆虫及岸上被水冲下去的有机物及草子等。沟汊面积窄常常是下雨时集中进水较多之处，故鱼爱到沟汊中寻找食物。

浅钩钓靠坝。许多钓友在水库里用浮钩钓鲢鱼时，多是在靠大坝的附近垂钓，靠大坝处水深，水中微生物较多，是鲢鱼休息的场所。

深浅钓交界处。这是因为水库中鱼的胆子最小，特别0.5千克以上的大鱼更为警觉。不到天黑之后或夜间是不会到浅水处来的，而深水处又难以找到食物，所以大鱼多在深浅交界之处活动多，既利于找到食物，又利于随时进入深水潜藏。

陡坡钓坡下。高陡坡处风吹下去的，雨水冲刷下的食物较多，如野生动物的粪便和家畜的粪便，以及其他可食的物质。陡坡下面平时惊扰也少得多了，靠深水又近，故鱼爱在陡坡之下活动。

钓位与水底地形又紧密相关。要想掌握水底地形，要到钓区进行现场勘察。在以下水底地形范围内选定钓位较为有利。

1. 河或湖中的凹陷。形成原因各有不同，其大小、宽窄、深浅各有差异，较大的则近似小池塘。有时在紧靠岸边，便可遇到此类水底地形。

2. 河或湖中沟糟。其形状有长有短，亦有深有浅。在叉沟或水源处，此类水底地形较发育，也有人为因素形成的，则不局限一处。

3. 河或湖中的坑洼。形状各异，只是其面积与起伏度要比前述凹陷小些。

4. 深沟或大渠中的坑洼。有的区段形状各异，常因受流水携带物沉积充填的影响，故多变，同时范围大。

5. 池塘中的小坑小洼及小沟小糟。有人常常只重视这一水域底下的坡坡坎坎，其实大多数池塘底部，尤其是久未清理过的，都存在一些凹凸不平及小沟小埂的水底地形。

如果在以上地形范围内，还伴有一些水生植物，底面又系含腐殖物的淤泥便是最佳钓位。

3. 怎样根据水文、风向、阴晴变化选择钓位？

(一) 有生水流入或涨水

生水给鱼带来食物和新鲜氧气适合于鱼类逆水而游的习性，是鱼类喜欢聚集地方。暴雨过后钓上游。暴雨过后水位猛涨，水色浑，水流湍急，河川的下游水面宽，鱼类的食物随着流水往下漂流，鱼儿则逆水上游。在这种情况下，到河川的上游垂钓，寻找河川的汇合处或溪涧的入口处、水面窄、弯曲多、流速较慢的地方下钩效果较好。钓谚云“急钓缓，缓钓急，急缓钓交界；急流钓边，缓流钓中间”。就是在水流湍急的河段，选择流速慢一点的地方；在流速缓慢的河段，选择流速快一点的地方。急流与缓流交界的地方更好。如果整个河段流速都快，就选择岸边；整个河段流速都慢，则最好在河中间下钩。

●（二）钓风●

清明节前后，天气逐渐变暖。1～3级的和风，最适合鱼儿活动、觅食。因为水随风而动，氧气充足，风还会把水中的微生物，藻类植物及浮在水面的昆虫、谷糠、花粉、杂草吹到下风口招鱼儿摄食。在那儿下钩，必有收获。钓顶风。在湖、塘等静水区钓顶风的做法也适合于河川垂钓。但在河川走向比较直的情况下，顶风钓位不太好找，如果在较大的河湾垂钓，水面较宽，水流缓慢，顶风方向的一边往往是鱼喜欢聚集之处。

●（三）钓雨●

春天的雨通常是蒙蒙细雨，雨后的水温不会急剧下降。下雨后，水质更加清新，溶于水中的氧气会大大增加。这个时候，垂钓者要采用长竿、长线，这样就可能多钓鱼，也许能钓到大鱼。暴雨过后，陆地上杂物和泥沙冲入水体，带入不少有机物质和碎屑，使水变浑。介于混浊、清明之间，或浑而不浊，鱼类游弋加速，属垂钓的良好水色。如果水体中泥沙含量过多，水色过于浑浊，鱼的视觉受到障碍不易发现食料，则不宜垂钓。但鲇、鮰等鱼觅食主要依靠触觉或嗅觉器官，水色浑浊不仅不影响其摄食，而且较之清水上钩率要高得多。钓谚云“雨后放晴，钓鱼早行”；“溪水响动，鱼跃活动”；“涨水钓河口，落水钓深潭”；“雨天鱼靠边，且莫甩长线”；“宁钓下风，不钓平静”；“和风细雨，鱼儿贪食”；“夜钓寒冷，劝君莫等”。这些钓鱼谚语说明，在柔风吹拂、细雨蒙蒙的天气，特别是涨水、流水处，水中溶氧量充足，是鱼儿最活跃的场所，钓位适宜选在河口处和下风处。另外，还要注意观察垂钓水域是否受工业废水污染，若发现被污染，应及时另选场所。

（四）钓雾

春天的雾，一般都在早晨，此时的鱼儿不吃也不动，到了8~9点钟，雾开始散开，气温逐渐升高，这时的鱼儿由静变动显得特别活跃，四处觅食，此时正好钓鱼，垂钓者宜抓住这个良机。

4. 手竿海钓怎样选择钓点?

（一）选表不选背

要站迎风，面对潮表选择钓点（潮表就是潮流冲击的一面，反之为潮背）。迎风、潮表、浪大、浪花飞溅的地方氧溶量大，海生物密集、异常活跃，是鱼儿觅食的极佳场所。

（二）选深不选浅

因为鱼有喜暗怕光的习性，深水是其栖息、藏身的地方，并且深水可藏大鱼，上大鱼的机会多。像岩礁的深沟、防波堤工字块的孔隙、以及岩根部前都是好钓点。

● （三）选滞水区●

码头和防波堤相交的夹角处，形成一个小湾，受海浪冲击较轻，海水相对平缓，小的浮游生物不易被冲走。饵料丰富，容易招鱼儿前来觅食。类似的滞水区都是好钓点。

● （四）选乱石区不选滩●

码头的引堤均建有一定长度的护坡，为减缓海浪的直接冲刷，护坡前有3~5米的抛石区，乱石孔隙是小虾、小蟹的乐园，乱石上长满了牡蛎等贝壳类生物，是鱼类觅食藏身的好去处。但在此处施钓极易挂钩，若高抬钓线，上下缓慢提送，不要左右遛钓，可最大限度地减少挂钩。没有石头就没有鱼，不要怕挂钩而舍弃好钓点。

● （五）选海流钓●

受地形、潮汐的影响，在某些地段，不论涨潮退潮都会形成一条或几条明显的海流，因海流流速大，浮游生物不宜下沉，会在流的某一侧集聚游弋，形成富饵区。有些鱼如鲈鱼（寨花）、黑鲷（海鲋）有逆流而上的习性，倘若钓位条件允许，要随流移动施钓。

钓场确定以后，正确选择钓点是钓鱼多寡的关键。所谓钓点是指微观水域可供下钩的地方，即找准鱼道（鱼的洄游路线）、鱼窝（鱼的聚集地）。用海竿垂钓，选好钓位后，只需将钩甩入深水域或海流里，静等鱼儿上钩即可，而手竿轻巧便携，在钓点的选择上易灵活找到较理想的钓点。随潮汐、流的变化，游动灵活，比呆在一处蹲钓效果好得多。手竿海钓点的选择范围介绍如下：海岸的岩礁形状各异，地形差别较大，潮汐每时每刻变化，气温、风向、气象多变，在选择钓点时要对上述因素综合考虑，不能拘泥一成不变的固定钓点应主动地去找鱼窝。

二、钓具的选用

常言道“欲善其事，先利其器”。钓具种类、规格很多，鱼竿（即钓竿）是钓具的主体部分，它是组合、连接鱼线、鱼钩、铅坠、浮漂等部件与鱼竿相配套而联结为一体的重要工具。

5. 鱼竿有哪些种类？

目前，我国市场已有各种各样的鱼竿销售。传统的竹竿，苇竿或竹苇混合制成的鱼竿已被各式各样的现代化鱼竿取而代之。现在用的最广泛的是玻璃钢竿和碳竿及玻璃纤维与碳素纤维混合制造的鱼竿等。这些鱼竿具有重量轻，弹性好，韧性大，耐弯曲，抗水性强，不怕虫蛀，操作灵便，外形玲珑美观等特点。此外还有电脑前自动钓鱼器和可调式鱼竿架等也受到垂钓爱好者的青睐。

人们平常垂钓所用的钓竿有两种。一种是手竿，竿上不装放线器。另一种是海竿，竿上装有放线器，能借助竿的弹力把鱼钩甩到很远的鱼竿也称抛竿，甩竿或轮竿。手竿按其长度分为短竿，中长竿，长竿。通常把3.6～4.5米的竿称为短竿，有7～10节，每节30～40厘米。把5.8～8米的竿称为中长竿，8米以上的称为长竿。还有一种袖珍式苇竿，全竿套在一起长度在30~45厘米，具有重量轻，携带方便的特点。按竿的性质有又分为硬调竿，中硬调竿，软调竿。海竿通常长度为2~5米，用得最广泛的是2.7米和3.6米两种竿。此外，还有手海两用竿，竿柄处可安装绕线轮，竿体上每节都装有金属或陶瓷导线眼。拉竿式长度为5.1~7.1米，具有手竿灵敏性和海竿收放线的优点：适用于手竿垂钓和海竿垂钓的水域。

6. 怎样选购鱼竿?

选购钓竿先看外观，看其油漆涂抹是否均匀、光滑、透亮。对钓竿的制作工艺的优劣、竿壁材料质地都应认真地注意。此外，识别钓竿产品有无防伪标志，注意检验质量。

不论购买哪种竿都应注意长度和轻重。手竿的长度与垂钓水域、环境和鱼种关系极为密切。在淡水池垂钓，常用竿长3.6~5.4米的钓竿为宜。远钓点施钓时可选用6.3米、7.2米的钓竿。分量的轻重，以轻为好。

竿体要求整竿挺直，浑然一体；竿壁均匀、厚薄一致，壁不能一边厚一边薄、无虫眼、硬伤、裂纹和烤焦痕。

竿口。选择多节式、抽出式手竿时，要求竿的插接处节既不过浅，也不过深。以全长5米的为例：第一节插接深度为4~4.5厘米，第二节6~6.5厘米，第三节7.5~8厘米，最底一节8.5~9厘米。无论哪种竿，各节插接后必须与竿口紧紧咬合。检查插接深度时，将底端的保护帽拧下，取出各节仔细检查，便知其深浅。每一节拉出拉紧后摇一下还有没有松动感，整支竿拉出后感觉重心往后靠（重心不能在前面），摇动时竿的腰力要好，不能太软，不能晃动太大。

整个钓竿受力后，要求各节受力均匀，呈自然弯曲弧度状态。将钓竿各节拉直，在竿尖顶端系一根绳，加力下坠，看其受力是否均匀。如某节出现弯曲角度过大，说明钓竿受力不均。收竿时要感觉有空气反弹；整支竿的手感要好。

根据不同因素选用钓竿：

根据钓不同种类的鱼对象选用不同钓竿，如钓罗非鱼时宜用极硬竿为一九竿或二八竿。

钓个体小的鱼或钓鲫鱼宜用四六竿（也称鲫鱼竿），钓小鲫鱼也可用三七竿。

钓混合鱼宜用三七竿（又叫鲤竿或综合竿）。

根据水情选用钓竿，水较浅钓者视力又好宜用长竿，水深时可相对用短竿。

根据季节和鱼情选竿，冬春季鱼的个体相对较小宜用软竿；夏秋季鱼个体较大且较活跃，宜用三七竿。

根据垂钓者年龄和身体强弱状况不同选用钓竿，年龄较大视力不好选用短些钓竿，身强体壮视力又好选用硬些和长点的钓竿。女性钓者宜选用轻、软、短的钓竿。

根据消费者的能力选用钓竿。

根据以下要求选购海竿：

在选购海竿时需对竿壁材质的真伪和对竿壁生产的工艺、其表面的色泽和整体结构优劣应注意察看以外，还对其他方面的察看，注意到它的实用价值。

看竿体是否挺直，可用适当的力将竿节由尖部逐节地拉至贴靠，各节表面是否有伤痕，然后用一只手把竿端平，要反复转动几次加以观察，以竿体挺直无硬伤的为好。

再观察竿体的实际长度，竿体的实际长度应与标示长度的误差越小越好，各节抽出的长度（通过目测）一定要均匀适当。

逐节的察看各瓷环和金属箍表面光滑不粗糙无伤痕，各瓷环与各金属箍均不得脱落。

把海竿握在手中端平，按上下左右方逐渐加力摆动，观察其弯点知竿的软硬度，有无“咔噔、咔噔”的响声。如果有，则表明某两节的嵌接处不吻合、有缝隙不是好竿。

7. 老年人垂钓为什么宜用海竿?

老年人的身体条件以用海竿较为适宜。因为一般水泊河流的岸边，均为斜坡地形，而且潮湿，有的地方甚至泥泞地滑，很容易摔跤。使用海竿则可以站在干燥的岸上，向远处投竿，距水面远些，也不影响垂钓。尤其是夏天钓鱼，还可以把渔线放长，把钓竿牵到有树荫的土方支起来，不受日晒。手竿垂钓一般都带漂，如按“眼不离漂”的要求，盯一天漂是非常劳累的。再遇到刮风天气，漂在水中晃动，更会让人头晕目眩。老年人一般视力较弱，盯漂更吃力。如用海竿，可不用漂，人可在海竿跟前，鱼咬钓后竿尖点头，观察十分方便，省时省心。另外，手竿还要求钓鱼者“手不离竿”。需要长时间把手固定在钓鱼竿上，太辛苦了。使用海竿，则可用支架将鱼竿支起来，把双手解脱出来，钓鱼时人可以走动，甚至可以半躺半坐，这对老年人来说是非常适宜的。

海竿，也称抛竿。使用海竿，初学者用竿不宜太长，一般2米多，至多3米足矣。竿长了易出故障，待熟练后，竿长竿短就可随意调整了。老年人用的海竿，最好不要选用太硬的，以中性或中硬性为好。

8. 为什么会发生断竿跑鱼？

目前我国市售的钓竿除竹竿以外，主要是玻璃纤维和碳纤维钓竿两大类。一般在垂钓过程中，钓竿因本身所能承受的钓力是不会断裂的，但有时会出现断竿现象，其原因主要有以下3个方面。

（一）选用钓竿不当。选用钓竿时应根据所垂钓鱼的种类不同选用相应的钓竿。因有的垂钓者无论垂钓何种鱼都使用同一种竿，这样当钓到较大型鱼类其重量超过钓竿的承受力，特别是钓竿前几节，竿径较细，竿节多，竿壁薄容易出现断裂。

（二）有的钓竿质量差，竿体缺乏韧性而发脆或竿体轻不够挺直。因此，垂钓者垂钓时应注意检验竿的受力强度；其次有的钓竿体接口精磨粗糙，竿壁之间配合不好，当竿体受力时，节与节之间受力不均，容易出现竿壁裂口等断裂现象。因此选用钓竿时，应拉出每节，用力抖动，检验竿壁之间是否有碰撞声音。如接口精磨质量好，手握钓竿时有一种整体感。

（三）使用钓竿操作不当时，也会造成短竿跑鱼的后果。

1. 持竿时竿线角度过小，一些新钓友，见到鱼（特别是较大一些的鱼）上钩，心情就特别紧张，激动不用网抄，唯恐跑鱼，于是双手绷紧抬竿，拼命往上挑；更有甚者，还企图用左手抓线提鱼，但因竿长，伸长手够不着，于是持竿的右手拼力向后仰，竿子几乎变成U字形。这就使鱼竿弯曲度到了极限，如不及时缓冲，很容易使竿断裂。

2. 鱼竿是有一定承受力的，鱼线太粗，拉力增大，若超过鱼竿承受力极易造成断竿跑鱼。

3. 鱼未被遛疲即起鱼　在鱼没有被遛疲，鱼劲尚大的情况下，就想见鱼，看看是什么鱼，有多大，鱼在水中一旦被提出水面，看见人和鱼竿，便会立即发起疯来，拼命挣扎、逃窜，从而有可能造成断线甚至断竿。

正确的做法应当是：当钓上大鱼时，情绪要稳定；不要过于紧张，按着遛鱼的要领，在竿、线承受能力极限内，竿、线呈45度角，采用∞字遛鱼法，反复地进行遛鱼。遛鱼要有技巧。不能生拉硬拽。遛鱼的过程就是人与鱼斗智斗勇的过程，要有紧有松。

9. 怎样保护鱼竿？

鱼竿是钓鱼的主要工具。鱼竿又分为手竿和海竿，其保护尤为重要。怎样保护手竿和海竿呢？其保护方法分别介绍如下。

(一) 手竿的保护方法

1. 钓鱼遇到鱼钩被水底的障碍物挂住拉不动时，垂钓者不能死拉硬拽或用力向上挑，这样容易断竿。这时，将竿放平，使竿、线、钩成一条直线。手握竿慢慢后退直到河底异物拉出或采取转换拉线的角度，并放松鱼线或将鱼线尽量向前送以后再轻轻提竿；也可借用竹竿，靶子等打捞。水底若有树根，树枝，草根等障碍物就会拉出水边，可下到水不深处捞。实在不行宁可断线也要保护鱼竿。

2. 钓到鱼应沉着，特别是钓到较大的鱼，要先将鱼竿放到支架或地上，然后再去取鱼，不要不顾鱼竿只顾鱼，不注意保护鱼竿往往将鱼竿踩坏。

3. 有些人遇到鱼吃钩就使劲将鱼竿向前上方扬起，有时钓线缠到树枝上，或鱼竿由于扬竿不当造成鱼竿损坏，如撞到树干而折断鱼竿。

4. 垂钓外出或收竿返回途中和垂钓结束应注意收竿放到一个塑料保护套中加强保护，放到不易碰撞或挤压的地方，最好挂在墙壁上。

(二) 海竿的保护方法

1. 垂钓外出或收竿返回携带海竿时，应将绕线轮卸下单放，将多支竿体放在一起放到一个塑料保护套内，可以保护竿梢和导线环不会松动。携带时把海竿逐个摆放，防止竿体被挤压或与其他竿磕碰。也不能让竿体承受重力。

2. 使用海竿时应注意挥杆投饵不能使竿梢承受重力太大，防止造成断线折竿现象。抛钩的力量也不能过猛，防止用力过猛易造成竿梢折断；在抽拉各节竿时用力要适度，各节竿抽出后应轻轻向左或向右拧一下，使竿节之间固定，避免松动；收竿时再向相反方向拧一下，可轻易收竿。抽竿不宜过多，否则在收竿时会出现卡死收不进去。尤其是雨天使用鱼竿，由于竿子有水收竿困难，需要用布包着竿慢慢推拧。

3. 无论挂饵投钩还是收线后从钩上取鱼，都不应将鱼竿随意放在地上，应先把鱼竿放到合适地方或将竿体靠树立放，最好放到支杆架上，以防只顾去取鱼，却忘记脚下有竿而被踩裂。

4. 海竿上导线环容易生锈，每次收竿后用软布擦拭导线环及竿体，清除污渍和水分后收管。

10. 常用的鱼线有哪些种类?钓线以多长为好?

鱼线是连接钓竿和钓钩的桥梁，按垂钓需要，鱼线的种类很多，归纳有人工合成鱼线，天然纤维鱼线和金属鱼线之分。目前，市场上出售的常用的几种鱼线介绍如下。

（一）人工合成鱼线——尼龙线。尼龙线具有抗拉力强，韧性好，不易弯曲，不吸水，透明度高，灵敏度也高的优点；缺点是在寒冷低温天气易硬变脆，易老化，一拉易断；此外，尼龙线经硬物摩擦易折断。尼龙线有单股尼龙线和多股锦纶线两种，通常垂钓使用单股尼龙线；多股锦纶线具有强度大，柔韧性好，耐压抗碰，耐磨抗冷的优点，但线径较粗，不透明，隐蔽性差，抗拉力弱。大多用于缆绳，养鱼网箱，编制抄网和鱼护用。

（二）天然纤维鱼线——既柔软又耐低温，适用于冬钓的鱼线。有蚕涤线和棉线两种。尤其是蚕涤线浅黄色，隐蔽性好，抗拉力强的优点，用它作鱼线不易被淡水凶猛鱼类咬断。

（三）金属线有铜线、镍线等多种金属线，市售很少。垂钓者可用报废的铜芯细电线、多股电话线等剥去线外面绝缘层取出细芯线即可使用。主要用作鱼线不易被钓到的凶猛鱼类咬断。

钓线多长为好应根据垂钓的长短或水域环境决定。垂线又分为风线和水线两部分。风线是从竿梢至水面这段线，使用长竿用线长度也不同，有的用长竿短线，即风线部分较短，在大水域钓鱼，有人用超长线，这都与钓鱼的水域有关。根据需要入水这段线的深度决定钓线的长短。

11. 怎样选购鱼线？

垂钓鱼上钩率受鱼线的粗细、拉力的大小、透明程度以及染色好坏的影响。市场上出售的鱼线按拉力可分为强力线、超强力线、特强力线等。按照垂钓需要选购鱼线时，可用以下方法测试其拉力如何。

测试时垂钓者用布袋装沙子，栓线吊起，把线拉断时沙子的重量即为该鱼线的实际拉力。还可以将鱼线揉成团，用双手挤压，松开后看其能否在瞬间自动复原，能很快复原无痕的，表明该鱼线柔软性好。另外，还要看鱼线体有无硬伤、松劲现象。如是彩色花线，需用手捻一下，看其是否掉色。经过检测符合要求的鱼线才可购买。鱼线的颜色分白色，浅蓝色，黄色，浅红色，彩色线等几种；从粗细上分有0.01～1毫米的各种规格的鱼线。垂钓者可根据自己的需要和喜好选购使用。

鱼线除到市场选购使用以外，自己还可以从市场购买蚕茧经煮制从茧中抽出的涤头穿入此环，在绕线轮上把涤线末端固定好，完全放开拽力器，摇轮时缠线盘空转，涤线自动绞劲，能代纺车。当绞劲适宜时，再锁定拽力器，把绞劲级线缠到线盘上，用这种方法级涤线可随意要长度。如有2～3人同时摇轮绞劲缠线，用3个绕线轮可一气呵成三股级涤线。这种三股级涤线的抗拉力强，柔软性好，不易断，可与陶瓷线、镍制金属线相媲美。

12. 垂钓乱了线怎样解?

许多钓者喜爱选择长竿短线在草隙中钓鱼，中鱼率高的钓法。但在草隙中钓鱼常会钩到草上，稍用力抬竿钓线弹上钓竿乱了线，尤其是小鱼抢食把钩拖入草内更易乱线。解乱线的方法如下。

（一）乱线后不可用抖竿来求解脱乱线，往往越抖越乱。

（二）乱线后不可逐节收竿，因每收一节竿竿就震动1次，线就更乱。正确做法是将钓竿转向使竿尖先着地再收竿，或不收竿。

（三）从鱼钩起向上逐渐解脱，遇到乱结处可用火柴棒或牙签挑松线结再解。

（四）不可将钓线捋出竿尖，那样线更乱。若发现钓线乱得厉害，解脱时间长，应立即换下乱线钩，以争取时间。

13. 怎样保养钓线?

钓鱼后把钓线留下的污物擦净，防止磨蚀钓线，钓线晾干后再收起，收线不要太紧，垂钓一天线或多或少会有伸长，这时如果收线过紧，会导致线不能正常回缩，而影响钓线的寿命。中午休息或就餐时最好将钓线浸在水中，以免长时间暴晒而老化。用过几年的钓线要经常检查及时更换，以免钓到大鱼断线。垂钓者握杆时切忌提竿过猛，以免弄断钓线。

14. 垂钓的鱼钩有哪些种类?

钓鱼离不开钩针，对不同的鱼种、鱼情及不同的钓法，鱼钩形状被设计得合理适用以避免在垂钓活动中出现断钩、脱钩、钩变形、钩被被拉直而跑鱼等情况。

●（一）圆形钩●

是指鱼钩底部呈圆形，钩尖到后弯部分的过渡相对圆滑，无折角，其特点是钩门适中，钩尖锋利且向内倾斜，钩底浑圆受力点分布均匀，钩身坚硬强度高，鱼被钩中后不易脱钩。其中伊势尼钓是圆形钩里最具代表性的，它可以钩取鲫、鳊等小型鱼，遇上凶猛冲击力强的青、草、鲤等大型鱼也有优异的表现，故称为“万能钩”。

●（二）袖形钩●

此钩形似衣袖，钩底部相对平直，与钩尖、钩把过渡的折角相对明显。袖形钩特点是钩柄较长，钩身较浅，钩门较窄，钩条较细，钩尖锋利，钩尖前弯角度不大，故鱼易于入口。此钩有短钩刺，刺鱼直接，卸鱼方便摘钩的特点，用它很适合钓体型不大，鱼嘴较小的鱼类。常见袖钩主要有金袖、白袖、黑袖、流线袖、秋田袖、万能袖等。它们的区别主要体现在鱼钩颜色和钩条的粗细上。

（三）无倒刺钩

因钩尖内侧无倒刺而得名。无倒刺钩多用于手竿，浅水钓鱼。特点是刺鱼快，上饵迅速，鱼吃钩后摘鱼快捷，取鱼方便，全无倒刺钩易挂抄网及鱼护之虞，对保护鱼类也能起到一定的作用。它的缺点是因钩上无倒挂刺，在使用虫饵时会因为钩上无倒刺难装蚯蚓、蚱蜢等活荤饵。因虫饵的蠕动挣扎而容易从钩上滑脱，只适合使用有一定黏性的商品饵或装植物粉末团类钓饵。

（四）有倒刺钩

在钩尖的内侧下端有倒刺或在其他部位也有倒刺的鱼钩被称为有倒刺钩。是蚯蚓，红虫等活体钩饵最为常用的鱼钩，钩上的倒刺可防止活饵滑脱。另外，鱼中钩后由于钩上有倒刺也难脱钩跑掉。但有倒刺钩的缺点是鱼咬钩时不易刺进鱼嘴，对中钩的鱼伤害大，会加快鱼的死亡，摘取鱼速度慢，因此不适用于竞技钩。

（五）立钩（朝天钩）

江南地区垂钓者常用立钩钓鱼。立钩的特点是钩柄连尾处用铜皮锡焊制，钩入水后，钩尖与河底平行，不易被水草和淤泥所掩盖，鱼易发现钩饵，吸钩方便，上钩率高。鱼出水后，取钩也方便。

（六）长柄钩和短柄钩

长柄钩的钩柄长，多为窄门钩，长柄钩装饵方便，目标也大，适用于挂蚯蚓等动物性饵料，钓鲇鱼、黑鱼、鳜鱼等凶猛型的鱼时，吃食凶猛，鱼钩吞入口咽中，摘钩方便。此外，长柄钩钩条细好结鱼线。短柄钩柄短，装饵后钩柄不易露出，鱼食入嘴内也不吐钩，吃钩率高于长柄钩。短柄钩多为宽门钩，钩钓凶猛鱼取钩麻烦，只适用挂面团类的钩饵，适用于钓鲫鱼等吃钩浅的鱼。此外，短柄钩钩条粗，绑线麻烦。

（七）炸弹钩

炸弹钩又称爆炸钩、吸食钩，系抛竿钓组钩的一种，取锦纶线或尼龙线 30 厘米左右一根，共 3～4 根，每根线两头各结短柄钩 1 只。待全部结好后，将几根线合并取中间弯成一个线结，穿入连接环内。将配制的槽食捏成鸡蛋大团子，用穿饵器插进团子中心，挂住组钩，慢慢抽入团子（留鱼钩在外）；再将鱼钩嵌入槽团内，连接环挂在主线上，甩到远处水域，摇紧线守钩。由于槽食入水发出水响声形同炸弹爆炸，故称炸弹钩，多用于淡水大水域抛钓，钓取青鱼、草鱼、鲤鱼等较大的鱼类；也可钓鲫鱼、鳊鱼或用特殊腥臭饵钓鲢、鳙等鱼类。

（八）海钩

海钩系海洋捕捞钩，有大小不同的品种，较淡水钩粗糙且大，但强度韧性好，钩尖锋利，倒刺较一般淡水钩开口深，鱼吞钩后不易脱钩，钩柄粗壮结实，适合海洋捕捞及钓淡水大鱼和凶猛性鱼类。

● （九）其他钓钩●

如用于钓取黄鳝的专用钩，用于钓鳖的针钩等。此外，在市场上还有一种荧光钩，有人称为夜光钩，这种钩是在钩柄末端上系好鱼线，再在结了线的钩尾上滴一团磷，用在深水或阴暗的水域用荧光诱鱼，垂钓效果较好。

15. 怎样选用鱼钩？

鱼钩的规格一般用数字表示，国产钩一般按数字序列命名，共3位数。首位数代表钩的类型，后两位数代表钩的大小（序列号）。有数字越大，钩越小的规律可循。日本，韩国钩与国产钩数字序列规律不同。其规律是数字越大，钩也越大，数字越小，钩也越小。进口钩根据进口国家不同，其号数规律有一定差异。如欧美系列的拖钓钩与拟饵钩，则是号数越大，钩越小。购买鱼钩要准备多种型号的钩，长柄钩，短柄钩都需要选购，然后分别系结好鱼线，以便随时更换。

购买鱼钩应挑选正规厂家生产的。技术含量高、材质好、钢火好、做工好、质量过关的合格鱼钩。鱼钩大小应根据自己需要钓的鱼的种类、个体大小、鱼嘴大小和软硬，按宁小勿大的原则选择。购买鱼钩时应具体察看以下几个方面的质量是否合格。

（一）看鱼钩是否结实坚韧，要钩条粗细均匀适中，钢火坚韧，不软不脆，富有弹性。测试时用一只手的手指捏住钩尖部，用另一只手的手指捏住钩柄向外用劲，看钩尖部，钩门部如有变形，表明此钩不结实、强度小，若拉不动或微微有些拉动，则表明质量好、耐受力大。

（二）看钩尖是否锐利，倒刺部分的长短是否合适，因为倒刺长鱼不易脱钩，但过长取钩不便。参加以钓鲫鱼为主的竞技比赛应选用无倒刺钩，为的是钓到鱼后摘取钩快捷，能提高钓鱼速度，且不伤鱼。

（三）钩端弯曲角度适宜，钩条粗细均匀适中，钓尾粗细如与钩柄粗细一样鱼线容易脱落。钩尾宽厚易结线且不易脱线。钩尾过薄会磨断绑钩线使钩脱落。

（四）制作工艺要求精良，外表要有防护涂层。

16. 怎样保护鱼钩?

鱼钩好坏直接影响到钓鱼的中钩率，因此垂钓不仅要选用优质鱼钩，而且在施钓过程中应注意对鱼钩的保护，使钩耐用、好用。

（一）鱼钩在钓罢鱼后应及时擦干水分，暂时不用钩需放置于粉盒中或涂上润滑油保存，可以防止鱼钩生锈。

（二）鱼钩使用较长时间后发现钩尖不锐利，可用小钢锉细致打磨钩尖或将钩尖用细沙磨刀石（油石为好）轻轻磨几下即可。还应经常检查钩柄结线是否松动，鱼线是否陈旧，一年以后应更换鱼线。适用时间长的钓钩，如有变形应及时淘汰。

17. 怎样绑鱼钩?

绑鱼钩的方法有多种，购鱼钩时可让渔具店绑好鱼钩。为了平时使用方便垂钓者自己也应学会绑鱼钩，现介绍以下两种简便快捷绑钩法供垂钓者参考。

(一) 快捷绑钩法

(1) 将线A端留出2~3厘米，和钩柄紧贴在一起，线B端也留出2~3厘米，压在线A和钩柄上。

(2) 用左手拇指与食指捏紧C处，右手执D段，按一个方向缠绕于A和钩柄上3~4圈，注意不要让A在钩柄上转圈。

(3) 用左手拇指与食指捏紧已缠好之线圈，将A端向外抽出，直至抽紧，再将A、B两端向外拉紧。

(二) 简便绑钩法

用此种绑钩法很简单，唯一的工具就是一段(5~8厘米长)吸食口服液用的细塑管，绑钩时将塑管与钩柄平行，用一只手的拇指与食指捏住，另一只手将鱼线从里面向钩柄端顺序绕线，绕4~5圈之后，捏钩的手指把绕好的线圈同时捏住，防止散开。然后将线从塑管中穿过去，从另一端抽出，顺势也将塑管从绕线的环中抽出，捏钩的拇指、食指不要过早地松开，免得绕的线环错乱重叠。拉紧两端线头，使其缠紧钩柄，剪去底端多余的线头，一只钩就绑完了。

18. 钓饵怎样装钩?

每种钓饵都有它特定的装钩方法，做得正确者，能充分发挥钓饵的作用。饵料好，固然很重要，但是，好饵还得用好。装钩看似简单，但其中仍有许多技巧，操作正确者，能充分发挥钓饵的作用。否则好饵料变成平庸之饵。这说明装饵的方法很重要。怎么装钩鱼才会咬食上钩呢？例如以粮食类的原料作钓饵，可以作出软、硬、糟3种不同的钓饵，使用时一定要按照它们各自的特点分别对待，硬饵就不能按软饵的方法装钩，不论单钩或组钩，均不能将钩嵌入饵团之内，因为钩子为硬饵团包裹，鱼咬不开饵团不能中钩，即使连饵一道吸入口中，鱼儿还会吐钩而去。软食和糟食绝不能装成飞钩，否则抛投时软饵将会离钩而去，变成飞饵。

现在使用悬坠式竞技钓法，大多是使用袋装钓饵，它最大的特点是钓饵松软，入水后立即开始融化，虽为钓饵，但诱鱼作用明显。在调制此种钓饵时应按袋装饵调制的方法去做，将干粉加水稍加拌匀即可，不可使劲揉搓，否则袋装饵将变成泡不开的死面疙瘩，所以虽是同一种钓饵，其效果相差甚远。

草鱼爱吃草，以草为饵效果很好，但如果用草装钩后方法不当，就可能不易钓到草鱼。因为草鱼吃草时总是先咬草的两端，如果将钩子钩在草的中间，再加上钓草鱼提竿过早，就会出现只咬草不中钩，如果装草时将钩子钩在草的两端，使之吃必中钩，这大大优于前者。

用蚱蜢、蚯蚓等活物装钩，要尽量保活，因为鱼儿有吃活物的习惯。虫体在水中蠕动，即使目标明显，易于招鱼前来吃食，又可刺激鱼的食欲。再者不要将虫体撕得支离破碎，例如用油葫芦装钩，有人怕鱼不好咬，就扯去腿、翅和头，已经失去虫体原貌，只见漂动不上鱼。所以凡用这类活物装钩一是要“活”，二是要“全”。

19. 浮漂有什么作用？

浮漂俗称浮子、鱼漂。是淡水垂钓活动中的重要钓具之一。浮漂主要有以下功能。

●（一）根据浮漂在钓线上的位置，可知水下诱饵的准确位置、水的深浅及钓点周围水底的情况●

垂钓者将诱饵投撒到钓点，可依浮漂位置判断钩饵是否准确地落到原先撒过诱饵的地方。调整好水线的长短，使钩或卧于水底或悬于水中。

●（二）传递鱼是否吞钩的信息●

鱼咬钩后会使鱼线晃动，引起浮漂变化，钓饵可能被鱼拽走或被提起。也有可能吸入口中噙一下又吐出来，甚至鱼用身体其他部位碰一下钓饵，根据此时浮漂的变动情况，可以判断鱼是否中钩，并作为垂钓者选择最合适时机及力度提竿的依据。有经验的垂钓者还可据此动作特征判断出是大鱼还是小鱼中钩，甚至还可判断是何种鱼中钩。

●（三）便于调换钓位●

通过调整浮漂与钓坠间的距离，可使垂钓者在短时间内适应不同钓点的水深。

20. 浮漂有哪些种类?

浮漂的种类繁多，随着钓法不同和演变，浮漂的种类也在不断改进。根据其外形可分为立式浮漂、球形浮漂、线性浮漂和卧式浮漂四类。

● (一) 立式浮漂●

有空心圆柱形、棒格形，长辣椒形、枣核形和圆柱穿空球形之分。做浮漂的材质多用塑料和软木。为了在水面上目标鲜明，漂上端分段涂以彩色油漆或荧光漆。浮漂使用与铅坠相配合，使浮漂立于水中，漂顶应微露出水面。鱼吞食钓饵时，垂钓者可根据浮漂的灵动作出准确的判断。

● (二) 球形浮漂●

有球形、椭圆形和圆柱形之分。浮漂两端有接线柱（漂头)。做浮漂的材质用塑料由工厂制作。垂钓者自己也可用硬泡沫塑料或乒乓球制作。这种浮漂的浮力大，多用于浮钓，当鱼吞饵时，球形漂在水面上动作较大，表现为跳动或位移大。有时出现漂体下沉的情况。

● (三) 线性浮漂●

又称“蜈蚣漂”或“七星浮漂”（又称“散子”“小浮子”)，多用鹅毛管或鸭毛管制成，如用孔雀尾羽则是上品，将羽翎毛梗切成1～2厘米（细的稍短，粗的略长)，再用针穿孔，孔应在管中心，不能偏离圆心，鱼线穿进去之前，鹅毛管要先浸水，先穿粗管，由粗及细，将5~7段串联在钓线上，全部穿好后，再系结鱼钩。垂钓时拉开鹅毛管浮子间距，每段毛梗间隔3~5厘米。散子适用于水草丛生的水域或水底深浅变化大，坑凹多，障碍多的水域垂钓。粗细、长短、间距大小，可根据垂钓者使用的鱼线、鱼钩大小，以及风力和钓点来定位，以灵敏度高为佳。

这种浮漂适用于水草丛生的水域或水底深浅变化大，坑凹多石块和障碍物较多的水域垂钓。但由于观漂困难不宜用于钓点距岸边较远或波浪大的水面。

● （四）卧式浮漂●

这种浮漂在水面上，呈横卧姿态。当鱼吞钩饵时，即斜立或直立起来，它不怕风浪，多为椭圆形。此外，海竿一般不用浮漂改用挂漂。

21. 怎样选用浮漂？

选用浮漂需要根据垂钓方法，钓点水域的深浅，水面有无波浪等因素的差异确定选购使用哪一种类型的浮漂。如浮钓时，在水体中的铅坠、钩饵等总和重量所形成的重力，要小于浮漂的浮力，一般选用球型漂或漂体较粗短的立式漂。有的垂钓者在钓场临时改为浮钓，或在立柱漂上穿一块泡沫塑料。如底钓时，在水体中的铅坠和钓饵等所形成的总和重力与浮漂的浮力相等。如在深水水域垂钓，应选用浮力大些的浮漂，配大一些的铅坠，达到使钓饵入水后能迅速落底的目的，以防中上层小鱼抢食钓饵。如垂钓时风力较大，可选用顶端细长而漂体下部有空球的风漂或卧式浮漂。

为了便于垂钓时对浮漂观察，漂尾应色泽鲜明。购置浮漂时，选用不歪斜，无裂缝和不漏气的为好。此外，垂钓者每次出钓前多带几种浮漂，以便垂钓现场条件和环境条件的变化需要临时调整垂钓方式时更换浮漂。

22. 怎样保养浮漂？

每次钓鱼后需用柔软的纸或布轻擦干净浮漂后放入专用浮漂存放盒内收藏；使用后的标身或标尾需用沐浴液清洗污物，并用牙膏轻涂，使用时轻握标脚底部操作，高温天气不宜在日光下高温地方存放。

23. 怎样使用浮漂？

钓鱼要想有所收获，首先要学会使用浮漂。在常规钓法中，浮漂就是钓鱼人的眼睛。可通过浮漂各种信号的发生来判断是大鱼、小鱼、杂鱼，是进口上钩还是撞线，可便于更换钩位和调整好水线的长度，使钩能卧于水底或悬于水中，让钩饵达到水中，适合钓鱼，以利诱鱼食饵上钩。

用漂有个常规性，即鱼口小用小浮漂；鱼口大用大浮漂；水深鱼大用大漂。初春、冬钓用小漂，正常垂钓季节鱼上钩快用大漂，即使水浅也应用大漂；鱼上钩慢，即使水深鱼大也应用小漂。有杂鱼，鱼狡猾用空心软尾漂；生口鱼，用硬尾实心漂。口大鱼快调高目，六目至十几目即可；口小鱼小调低目，可调至3目、4目、5目。无杂鱼，鱼口好，可调高目，钓低目；有杂鱼或鱼滑，乱口，可调低目，钓高目。

调钓无定律，要灵活运用。水流太大可拔掉浮漂不用。顺水流方向钓，让竿梢出信号。通常是，有风有浪，流水，水下氧气充足，鱼口相对就大。野生鱼胆小，怕闹，但能吃死口。经常被钓的鱼塘，鱼就小心，吃口小，一觉不合适就把饵吐出来。钓野生鱼，钓目高一点低一点都可以，钓被常钓过的鱼塘，调和钓都要准确一些。

钓鱼看漂很重要，浮漂看的准能得知鱼类食饵情况，能不失时机地提竿把鱼钓上来。有一些初学垂钓者都不知为何用看浮漂及时提竿获鱼。

●（一）钓鲫鱼看浮漂●

钓鲫鱼一般只用3颗白色鸡毛浮漂，一颗入水中，一颗半沉浮，一颗完全暴露水面。半沉浮的漂轻微颤动，就是鱼儿开始试咬饵料的信号。此时应细心观察，切勿动竿线。鲫鱼咬钩一般为送漂，又叫回漂，即浮漂微动几下，便慢慢上升，小鲫鱼上升得慢，大鲫鱼上升得快，并很快将漂送平。但钓鱼者一般不需等到送平，只要待半沉浮的漂开始微向下沉或微向上冒，而且是持续连贯的时候就应及时起竿，常常能钓获一尾可观的鲫鱼。如果只视暴露水面的浮漂而忽略半沉浮的细微动静，将失去许多起鱼的机会。如果浮漂猛然向下沉或向上冒出水面或伴有间歇性的不规则动作，多半是小白条、虾蟹类作怪，可趁早另寻佳位。

●（二）钓鲤鱼看浮漂●

鲤鱼觅食较有规律，鲤鱼除个别送漂外，大多是拖漂。

轻轻动两下随即可清晰地看见漂浮一颗接一颗缓慢下沉或向上冒出水面。漂筒上升时即提竿较好的机会。如果浮漂先突然下沉或上冒出水面，那多是遇上了狡猾的鱼儿已将饵吐出嘴外，或带饵上钩，或是虾蟹将饵料拖入水底。

●（三）钓草鱼看浮漂●

草鱼，性猛且胆小，喜静而贪食。草鱼吃食动作较大而有规律。浮漂连续下沉带有节律性，草鱼同样是拖漂。与鲤鱼不同点是难以发现微动，草鱼拖着漂筒下沉，其速度要猛要快。待漂完全入水中甚至鱼线下沉水中 1/6～1/3 米都是起竿的好时机。如见漂浮向上冒出水面，而起竿时手感又重，但鱼线却又弹到空中，那是草鱼将饵料半含口中带线上游所致。待漂冒出水面复入水中为起竿的最好时机。否则拉的过早，常常钩了鱼儿嘴壳的嫩肉，导致鱼儿滑钩逃脱。

●（四）钓鲢鱼看浮漂●

鲢鱼也咬钩。这时浮漂反应是原地微动，速度相当轻慢，稍沉一点很快上来。如果掌握稍下沉一点，用较快速度提竿也能钓起来，否则鲢鱼可能吐掉口中的饵料。

●（五）钓鳊鱼看浮漂●

鳊鱼与鲫鱼咬钩相似仍为送漂，不过它比鲫鱼狡猾，先试两下，发现没有异物便很快将漂筒送一下。

●（六）钓黑鱼看浮漂●

黑鱼咬钩很凶猛。一般钓黑鱼用泥鳅、小青蛙作钓饵。首先找到有一群小鱼崽的地方下钩获鱼可能性大。也可在湖塘草边钩上泥鳅上下提动，只要有黑鱼同样可以钓上来。

●（七）钓小杂鱼看浮漂●

小杂鱼咬钩浮漂一上一下动得很快，但又难以钓起来。如果改用小钩少上饵，只上钩尖上一点也可以把各种小鱼钓上来。虾子，只要见到速度很慢的浮漂在水上向前移动的肯定是虾子。有时起竿及时也能钓一个大虾子。

●（八）钓鳖看浮漂●

鳖（甲鱼）咬钩有试探性。浮漂反应为微动，然后下沉，但下沉速度比草鱼、鲤鱼要慢，并可看到沉在水下的漂向前方走去。

●（九）风浪中看浮漂●

迎风垂钓。这主要是因为迎风水面漂浮物较多，水底食物丰富，水中含氧量高，鱼爱在此水域觅食，同时鱼吃食也很狡猾。但是鱼漂受风浪影响，上下起伏不便观察，迎风顶浪垂钓简单的方法将鱼漂上移，使鱼漂中间的“鼓肚”浮在水面并与水面倾斜成一个小于90度的角，鱼吃食时若是黑漂，则鱼漂迅速与水平面垂直并进入水中，若送漂则鱼漂迅速倒在水面上。这样鱼吃食时，鱼漂上下移动变成左右摆动，克服了风浪对鱼漂的影响，同时风漂摆动角度大，反应灵敏便于观察，垂钓者只要见到倾斜的鱼漂垂直于水面或倒在水面即可起竿，采用此法，十分有效。

24. 浮漂、钓线怎样保养？

浮漂保养：每次钓鱼后应用柔软纸巾或布擦干净浮标，

放入专用浮标存放盒内收藏；标身或标尾使用后的污垢用沐浴液或牙膏轻涂小心轻洗。使用时及使用前后轻揉标脚底部操作。高温天气不宜长时间存放在温度较高的地方。

钓线保养：钓鱼后把钓线上留下的污物擦净，防止腐蚀钓线，钓线晾干后再收起，收线不要太紧。垂钓了一天线或多或少会有伸长，这时如果收线过紧会导致线不能正常回缩，影响钓线的寿命。中午休息或就餐时，最好让线浸在水中，以免长时间暴晒而老化。用了几年的线要经常检查及时更换，以免钓到大鱼断线。在拉竿时切忌提竿过猛，以免将鱼线弄断。

25. 铅坠有什么作用?有哪几种铅坠?

铅坠亦称沉子，坠子和铅砣等。铅坠可在垂钓时，探测水底的深浅，水底情况，使钓饵和钓线迅速沉落水底或与相应的浮漂配合，适于不同的水层。将钓饵投到所需要的钓点，需要借助铅坠的重量。为了准确传递鱼吞饵的信息，铅坠有绷紧钓线的作用。

铅坠的品种很多，形态各异，重量有1克、2克、5克乃至几百克。铅坠可分为手竿铅坠与投竿铅坠两大类。在不同的水域垂钓，可使用不同的铅坠。

●（一）手竿铅坠●

手竿的铅坠常用球型（称“弹丸型”）、枣形和板形铅坠。

1. 球型和枣型坠

又称开口坠，因坠上有“尸”形开口而得名。固定铅坠时，把绑钩线放入开口底部，再闭合开口，坠子便固定在绑钩线上了。

2. 板形铅坠

是一条板状铅片，固定时将铅片卷在绑钩线上，坠重根据浮力调整后即可，稍微用力固定住。

此外，选用双钩垂钓适合选用板条状坠、枣形坠及棒形的开口坠。使用时将两条绑钩线交叉分开放入坠子开口底部，线悬于坠子两端使双钩保持一定距离后按压固定。

●（二）投竿铅坠●

又称“艄”。用于远投垂钓。按其形状分为椭圆形、球形、棱形、枣核形等坠形。

1. 椭圆形铅坠　此坠较为常用，呈扁平状，优点是在水底不易移位，收线时阻力小，不易挂底。

2. 球形坠　此坠优点是用钩饵较远，也在水底不易移位。缺点是收线时阻力较大，易挂底伤钩。

3. 棱形与枣核形坠　此坠优点是甩饵及收线使用方便。缺点是在水底钩线绷紧时间过长容易移位。

此外，铅坠按其构造和使用方法又分实心坠和空心坠两种。

1. 实心坠又称“死坠”，坠上有导线环，用于底钓，鱼吃饵拉动钓线，坠子受力后将信息通过钓线传到竿梢。或用于浮力大于坠子的浮漂进行浮钓的串钩或组钩。

2. 空心坠又称“活坠”，“通心孔坠”。此坠使用比较广泛。这种坠可通过中心穿线孔（孔径1~1.5毫米）在钓线上滑动。使用时，钓线穿过通心孔以后再拴个卡子，卡子上连接炸弹钩，多用于底钓。当鱼吃饵时，拉动钓线把信息直接传到竿梢。

26. 怎样选用铅坠？

投竿的软硬和长短不同，所需的钓线粗细和铅坠重量也有差异，使用铅坠的重量大多标注在钓竿的底把。铅坠的重量一定要符合钓竿的要求。如果使用铅坠过重，投竿后钓竿因负荷过重而易折断。垂钓使用铅坠的选择方法如下。

●（一）手竿用铅坠的选用●

手竿用铅坠要求与浮漂匹配得当，垂钓时才能使鱼吞食钩饵时反应灵敏。浮漂的浮力等于铅坠重力加上钩饵、水线的重力。使浮漂和铅坠匹配，达到浮漂微露出水面而钩和铅坠悬在水体中后装上钓饵，拉长水线。若重力大于浮力，钩饵沉入淤泥或青苔中不易被鱼发现；如重力小于浮力，钓饵沉不到水底成了浮钓。

●（二）海竿用铅坠的选用●

海竿用铅坠与海竿长度、竿头的弹性及硬度、钓线的粗细相匹配，要求竿越长，铅坠需要加重，钓线也要相应加粗。铅坠使用规格有10克、15克、20克、35克、40克、60克、100克等数种。适合江湖河水库垂钓。线的型号大、钩大应用大号铅坠。用得最多的是100克的铅坠。如铅坠过轻，投竿不易出线，而且由于线的弹性、张力与出线速度不协调易导致钓线原地脱落而乱线。

目前多数垂钓者使用扁圆形铅坠，因为扁圆形铅坠无棱角，不易被水中乱草、树枝挂住。以活动坠为好，线从铅坠中间穿过后，线仍可上下活动，鱼吃钓饵时不会带动铅坠。鱼中钓后窜游。

海竿种类很多，竿子有软有硬，选购应注意海竿底节上注明的规定铅坠重量，垂钓者选购铅坠时，应按规定选用，以免超过重量在抛用时造成海竿断裂。

27. 辅助钓具有哪些种类?各有什么作用?使用时应注意哪些问题?

垂钓用具除需要具备主要鱼竿、鱼线、鱼钩、浮漂、铅坠等专用渔具以外，还要有相应的辅助钓具的辅助配合。辅助钓具主要有：钓竿支架、连接环、抄网、鱼护、钩线、投诱饵器、撒窩器、摘钩器、浮漂筒、手竿绕线轮、放线器、饵料盒、钓具袋、钓箱等。使用各个辅助钓具应注意以下问题。

(一) 钓鱼架

钓竿支架是垂钓时支撑钓竿的辅助钓具。钓竿支架具有稳定、抗风、支竿后鱼竿不易受损的功用。长时间手握鱼竿会感到劳累，尤其是同时垂钓在好几个地方更需要有钓竿架支撑协助垂钓。钓竿支架有竹制、金属制的、也有玻璃钢及高强度塑料制的。钓竿支架根据鱼竿的不同又分为手竿支架和海竿支架两种。

1. 手竿支架

手竿支架比较长，其长度为 60 ~ 150 厘米不等，用金属管如铝合金或用竹竿加金属插头制成。手竿支架下端呈尖形，可插入岸边泥土中，上端呈半圆“Y”形，可以托住鱼竿。使用时先估好鱼竿的倾角后，将支架插入土中，然后把手竿架上。

2. 海竿支架

海竿支架品种较多，由金属、塑料、玻璃钢和竹木等原料制成。形状有长有短，还有单腿支架和双腿支架，单腿垂直插入土地，上有“U”形槽，将海竿搭架在支架上。别卡型支架由 铁条弯曲成型后焊接而成，使用时将海竿的底柄架在支架前面的承托槽上，后面别在支架的后横档上。此支架优点是使用灵巧，由于整个竿体悬空，鱼咬钩后，竿尖反应特别灵敏。它最适合分量较怪的短海竿。近年来国外还有一种折叠式支架，用 6 毫米钢筋制成，外形似回形针，两根锋利的插脚，被周围在回形内部，携带安全方便。其插脚可插到硬乱石中。

●（二）连接环●

又称“接线环”，是连接主线与鱼线的一种很小的金属环。连接环的形状不同，但性能相似。其中的小环可以转动故又名“转环”。可以随时根据需要更换鱼线，有时为了改换不同型号的钩，以钓相适应的鱼；有时水下障碍物或大鱼挣扎而断了鱼线，需重新装钩。更主要的是鱼线与主线不是同一型号的线，必须用连接环相接，连接环可以转动可增加鱼线的灵敏度。连接环能对主线起到反捻作用，所以又称“反捻环”。此外，当使用活坠时栓在活坠下面的连接环可阻止铅坠拖线。

●（三）撒饵器●

撒饵又称“打窝子”或“打塘子”，在垂钓时诱鱼到钓饵附近来摄食，用手将诱饵准确无声响地抛撒投到水体的某个位子很难办到，只有借助撒饵器，将诱饵盛在容器中（网、易化解的纸）中，用鱼竿和钓线慢慢让诱饵准确无声响地倾倒或洒漏在窝点，使鱼被逐渐诱惑到窝点来集中。垂钓依据这个原理设计出并制成结构比较简单、构造多种多样的撒饵器：有漏斗式、瓶式、簸箕式、乒乓球式等撒饵器将诱饵送倒在钓点窝位，使用比较方便的撒饵器完成投诱饵后，将撒饵器拎出水面即可。垂钓者还可以就地取材自制简单的多功能撒饵器能适合在江河塘渠、水库等水域中或在水草窝中使用，能提高喂窝效果。

●（四）摘钩器●

摘钩器是一个较小的辅助钓具。它主要用于垂钓肉食性凶猛鱼类吞钩后吞入咽喉或胃囊，加之口中的尖齿，造成钓者摘钩困难，需要一个能摘鱼嘴里钓钩的摘钩器帮助去摘钩。摘钩器一般由金属、塑料、竹片芯制成，长度不小于 10 厘米。可以自制或去鱼具店选购摘钩器。

●（五）手竿使用绕线轮●

用长线在浅水区钓鱼鱼线入水部分少，风线太长，提岸不迅速，有拖泥带水之弊。用短线在深水区钓鱼时又无可放出的余线。因此垂钓时需要使用绕线轮，在绕线轮上可绕

20～30米长鱼线即够手竿垂钓使用。绕线轮套在竿子的前几节上，使竿梢减轻了承重。垂钓使用绕线轮打开绕线轮盖，将鱼线从绕线轮上绕一些线（一般绕10米以上）后盖紧绕线轮盖，再将绕线轮的外孔从竿梢穿过直至与竿体紧密地套合固定。鱼线在竿梢打一个活结，然后用鱼线上的小橡皮套或气门芯套住竿梢，拧紧螺絲，在使用中根据具体需要往外抽线或向里收线。

●（六）抄网●

垂钓到大鱼时如把鱼硬拖到岸边容易断线或脱钩，甚至折竿逃鱼。因此需有一个应手的抄网帮助把鱼提上岸。抄网的形状有圆形、梯形、三角形等多种，无论是自制或选购何种形状的抄网应具备以下要求。

1. 网眼要密，网眼大了空钩挂到网上易跑鱼，抄到鱼后钩子挂到网上摘钩麻烦。同时要求不吸水，切水性能及透水性要好。

2. 网兜要深，深度不浅于30厘米，网浅了鱼易从网中逃窜。

3. 网围要硬网口应不小于35～45厘米，网口小了抄大鱼时困难；网口过大则网圈发软。

4. 网柄要坚固，在抄鱼时网柄要挺直，不能歪曲变形。网柄长度以1.2米为宜，为方便携带，托柄选用2～3节型伸缩式的为好。鱼具店出售的抄网多为携带方便的折叠式抄网。

5. 网插头固定不转动，抄网和把柄不能脱节。

●（七）鱼护●

鱼护是装钓上活鱼的工具。为使钓获的鱼保持鲜活，可将钓获的鱼放到鱼护里，再将装鱼的鱼护放在水中。一般鱼护多以尼龙絲为骨架，尼龙软线为网壁编织成长网兜。网目多为一指规格，网口直径不小于40厘米，长60～100厘米。网底及距网底1/4处各绑1个用直径5毫米镀锌铁条或藤条、塑料管，弯成直径30～35厘米的环支撑起来。鱼护网口用铁环撑开，直径为20厘米，鱼护内装入钓获的活鱼后收紧网口，并用绳索牢固地拴在岸边水中的木桩上，可随时装入钓获的活鱼。它的优点是保持钓获的鱼鲜活，归途携带方便。也可将钓获的活鱼放入竹蔑编制的鱼篓内，盖紧篓盖放入岸边浅水中，虽能限制鱼活动，但不方便携带。

●（八）饵料盒●

由于钓鱼诱饵和食饵不同，饵料盒多用广口塑料瓶、塑料薄膜袋存放。若配合打窝子诱饵还应准备一个大塑料杯和一只小勺。装蚯蚓、蛾虫等活饵容器可用带一点湿土的塑料广口瓶或玻璃广口瓶，瓶盖上穿几个通气小孔，装上蚯蚓后再用一块湿烂毛巾保持杯内盖严，供随时取用。市售大小各色的颗粒钓饵易受潮变质，或发软不好使用，应妥善存放饵料盒内。

28. 冬季怎样收藏保养好钓具？

冬季绝大多数垂钓者已停止垂钓，收藏好钓具，明年使用。钓具收藏保养得好，不仅可延长使用寿命，节省费用，而且使用得心应手，能提高垂钓质量。下面介绍收藏保养好钓具的方法。

鱼竿。要把鱼竿一节节拆卸开，擦拭干净，晾干，然后涂上防锈蜡（如果没有蜡可用软布沾点清油轻轻擦一下），再插接好放入鱼竿袋内，置于通风干燥处。

鱼线。用过的手竿线，如果已经老化，最好换新线，以免断线跑鱼。鱼竿线未老化的可继续使用，但最好倒换一下，把常入水的部分倒换到后面，未入水的部分倒换到前面，明年作入水用。在倒换时，用干净软布把线捋一下，擦去尘土和湿气，然后把线轮包好，放通风干燥处。

浮漂。用水洗干净、晾干，装入漂筒内，防止压碎、折断和弯曲。

鱼钩。用软布蘸油擦拭一遍。用盒装好，或插在干燥洁净的泡沫板上，包好放在干燥处，防止生锈。

铅坠、铅砣。洗净、晾干，严密包好，放小盒内防止铅污染。

鱼护、抄网。洗净、晾干、包好，避免风吹、日晒和潮湿，防止尼龙绳老化和挂破。

插座、架竿等其他辅助工具。凡金属制成的都要擦洗干净，晾干，用软布蘸清油擦一遍，包好，防止生锈；尼龙、塑料制品也应擦洗干净，防止风吹、日晒和潮湿，以免老化变脆。

第二章 鱼饵种类、配制和使用

29. 鱼饵有哪些种类怎样使用鱼饵?

鱼饵分天然鱼饵和人工鱼饵两大类。天然鱼饵如浮游生物，底栖生物，附生藻类；人工鱼饵主要根据不同的鱼种所食饵料种类，外界因素（包括气温、水温、水质、季节、水面的面积等）的情况，有针对性和有目的的配制鱼饵。从鱼饵不同的作用分为诱饵和钓饵，分述如下。

●（一）诱饵●

即诱引鱼的饵食，把诱饵投放在预定的垂钓水域中，即所谓撒窝。

诱饵使用的食物多种多样，以鱼喜吃、易见，能引鱼聚集为原则。用不同的饵食撒窝，可招徕不同的鱼群。酒糟味浓，色重，最能吸引草鱼；骨头肉味持久，微生物喜欢聚集在它的周围，因而黑鱼最易被它吸引。玉米面（加少许黄豆面）饽饽，掰碎后打窝能兼各家之长，可招徕不同鱼群；缺点是易于泡碎漂走，且易诱引各种小杂鱼，影响大鱼的上钩率。

用诱饵撒窝可分两类。一类是固定窝（也称“死窝”），另一类是活动窝。

1. 固定窝

即固定在一定的地方撒窝。简单易行，稳固牢靠，适合于在圆池方塘中，垂钓效果好。但投放的诱饵，“石沉大海”，不能回收再用。所以撒固定窝时，一次投放的诱饵不宜过多，可每隔两小时左右补窝 1 次。另外，如果计划垂钓的时间较长，可预先多打几个固定窝，择优垂钓就有了回旋的余地。如果在河道、水渠或回旋余地大的水域垂钓则可拉开战线在远距离打几组固定窝。

2. 活动窝

诱饵可根据需要随意移动。这种窝经济、灵活，一窝多用，但制作、投放较为麻烦。常用的三种活动窝制作方法如下。

（1）骨头活动窝：把带少许肉的羊骨、猪骨、牛骨等为诱饵（以羊的脊椎骨为最佳）用鱼线拴牢，投入预定的水域。为使牵引诱饵的鱼线沉入水底，减少水中障碍，需每隔一米用铅坠包牢。为使窝点准确，诱饵上最好能加一浮漂引出水面。根据漂的活动状况，可以断定水下是否有鱼。垂钓结束或需“另起炉灶”时，可用牵引诱饵的鱼线将诱饵拉出水面，以备再用。

（2）苇草活动窝：用芦苇 1 束，在苇草中间夹裹些面食、昆虫、小虾等诱饵，当中裹一树枝，在靠近根部绑牢。树枝下端用尼龙线系一石块或重物，树枝上端用尼龙线引出一较大浮子（用硬质泡沫塑料最好）。在投放入水之前，首先要测出投放区域的水深，再计算好苇草诱饵应停留的深度，调节好下坠上系。人造苇草窝可安置在池水的任何部位。停留水面，诱引上层鱼，以钓浮；停留水中，诱引中层鱼，以钓半浮；停留水底，诱引底层鱼，以钓底引鱼效果很好。

（3）面食活动窝：用面食（玉米面、小米、大米、豆面、碎饽饽等）250～500克用蚊帐布或窗纱裹好。使诱饵能从包袋孔隙中徐徐漏出。在投放之前，先测好水深，调好浮漂，投放到预定水域。用以牵引的鱼线亦每隔米许用铅坠裹好，从水底引至岸边固定。如果面食中的小米、大米等用油炒过，则效果更佳。倘若袋中添加芝麻、豆饼等香饵会更好。

●（二）钓饵●

即钓鱼用的饵食。钓饵直接影响上钩率，垂钓的对象不同，使用的钓饵各异，钓饵的种类繁多，按钓饵性质可分为荤饵和素饵两类。衡量钓饵的标准，要求具备“色、形、味、动”四大基本条件。

1. 色

指钓饵的颜色。白、红、黄三种颜色便于鱼类发现。有些鱼类以色取食。如白鲦鱼有吞食浮漂现象。

2. 形

指钓饵的形态。有些鱼类以形取食，只要形似蠕虫或昆虫，它就吞食。各种拟饵鱼钩（又称毛钩或虫钩）就是根据某些鱼类以形取食的特点制作的。

3. 味

指钓饵的气味和鲜味。有些鱼类凭嗅觉和味觉取食，如鳖喜食臭猪肝，而鲫鱼对甜食十分敏感。

4. 动

指钓饵的动态。有些鱼类喜食活食如鳜鱼，钓饵动则食，不动则置之不理。此外，运动中的饵食便于鱼类发现也是原因之一。

30. 鱼荤饵有哪些种类?怎样使用荤饵?

荤饵指动物性鱼饵，营养丰富，容易被鱼消化吸收，利于鱼的生长发育，鱼爱吃，如用蚯蚓饵料钓鱼还有不易脱落，其头尾在水中不停蠕动更能吸引多种鱼上钩。荤饵种类很多，钓鱼常用的荤饵主要有以下几种。

1. 蚯蚓

蚯蚓俗称“曲蟮”，中药名“地龙”。属环节动物门．寡毛纲。钓鱼常用肉质厚，蛋白质含量高的红蚯蚓为佳饵。除鲢鳙鱼种外，对几乎所有淡水、海水鱼类蚯蚓被称作万能钓饵。用蚯蚓作钓饵应具备“红、细、活”三个条件。红则易于发现，细指蚯蚓的体态，活则动，活则味鲜。为了使挖出蚯蚓能够保持较长时间的存活，在挖出蚯蚓后，装塑料蚓盒内，在盒盖上用吊瓶针头打上一些小洞，使之保持通气。装上蚯蚓后，再将一小块破旧棉质毛巾浸湿，蒙在盒盖上。棉质毛巾吸水，可保持蚓盒内湿润。用此法可使蚯蚓保持存活达两个星期以上。有些初学者往往认为活蚯蚓不易穿钩，就用手将其拍死再穿钩，这种作法是不正确的。垂钓时，可把蚯蚓截段挂钩，以不露钩尖为限，效果好。

2. 蛆

蛆为白色的苍蝇幼虫，可称万能钓饵。特别是钓鲤鱼、白鲦鱼和0.5千克重以上的大鲫鱼，上钩率高于蚯蚓。蛆白色，富含蛋白质，具有特殊的鲜味，且不断蠕动，具备“色、形、味、动”四个基本条件，所以蛆是非常理想的钓饵。可用纱网捞起放入清水中漂洗，24小时后，再将蛆捞入盖上有许多小孔的塑料瓶内，盖好瓶盖。将塑料瓶放入清水中吸水，振荡后，再挤压塑料瓶，把水从瓶盖小孔中挤出。如此反复多次，便可将蛆漂洗干净。垂钓蛆是很好的钓饵，用蝇蛆钓鱼，鲤鱼鲫鱼都爱吃。但有许多钓友却不知如何将蛆穿在鱼钩上。蝇蛆钓钩都是细而光滑、钩尖锋利的，用在单钩或双钩上。一般1只鱼钩要钩2条蛆，钩尖不露出为宜。穿蛆的方法用左手食指和大拇指捏住蛆的尾部一半，蛆的尾部朝上，右手食指和大拇指捏住钩柄（如果是连锡砣的鱼钩，就捏住锡砣），钩尖朝下，对准蛆尾部钩时从尾端体部的侧壁轻轻钩入，不要太深，太深会刺破体腔壁层，再向前从嘴部钩出。防止蛆的体腔被刺破，体液外流，剩下1张皮，不可作钓饵。上钩时不要用力捏死蛆，否则会减少诱鱼效果。在小杂鱼特多的水域，蛆饵抛下后会诱来成群小鱼，因此这样的水域不宜使用蛆饵。

●（一）红虫●

红虫又称“水蚤”，红鱼虫。属昆虫纲．双翅目摇蚊的幼虫。体细长蠕形，通体鲜红。每年春季，当水温达到14℃以上时，摇纹的雌纹产卵于水面孵化2～7天成幼虫，摇蚊幼虫生长速度很快，在水面浮游3～6天下沉底栖，在水底生活数月至1年。红虫营养全面，适应性好，是鱼类极好的天然钓饵。尤其是春秋天寒时使用红虫施钓是鲤鱼、草鱼最佳的钓饵。目前我国北方有些地区已有人工养殖出售作为商品性钓鱼活饵。

红虫孳生于各种池塘、湖泊、小河沟及稻田等的水中，清晨或傍晚鱼虫多聚集于水面，一般在水草丛、流动水下游避风处红虫较多，此时可用鱼虫网捕捞个体大的红虫、单虫装钩钓小鳊鱼；钓个体较大的鲫鱼和鲤鱼时，用红色棉线将多条虫捆扎成1束，绑在钩子上作钓饵用。

●（二）青虫●

青虫体为绿色肉虫，其种类繁多，是江河垂钓草鱼、鲤鱼、鲇鱼、鳜鱼、黄颡鱼、翘嘴鲌鱼等鱼的良好饵料之一。青虫虽然来源广泛，有时遇到可逮到很多，但等到用饵时又很难找捉到青虫。下面介绍捉到青虫的几种保管方法，供作冬天和春天江河垂钓用青虫钓饵。

1. 短期保管

新捉的虫带叶片放入铁网笼子内，在什么树上捉的虫用什么树叶喂它，一般可以保存1星期。也可把虫放入半瓶清水的瓶内泡着，一般10天以内可以用作饵。

2. 中期保管

捉到青虫后，预计短时间内用不完的，可以先把青虫放在水里泡上半小时，不能动弹时，再并排排放在硬纸上，包好，放入塑料袋内密封，放到冰箱冷藏室存放。需用时取出，等到达钓点青虫便醒过来了。这样保管青虫可以1个月不坏。

3. 长期保管

把青虫放入质量较好的白酒内，可以保存半年以上。

●（三）黄粉虫●

俗称“面包虫”，属昆虫纲．鞘翅目．拟步行虫科。是危害仓库粮食的害虫，但黄粉虫的幼虫体形似蛆非蛆，故又称“干蛆”，色黄白，体长 2 厘米左右，软体多汁，含营养丰富，很多肉食性和杂食性鱼类都爱吃，是一种人工养殖可维持较长时间供应的好饵料，用它作钓饵效果极佳。用黄粉虫作钓饵时虫体大的装钓时从虫背穿过，露出钩尖，这样表面撕裂面积小，体液不易外溢，虫体小的虫装钩用穿挂法，钩尖藏在虫体内。

●（四）昆虫饵料●

夏季在河川、湖泊、水库、池塘中常用捕捉的昆虫如蟋蟀、蝗虫、蚂蚱、蝼蛄等，作荤饵，这些昆虫蛋白质含量多且体胖肥嫩，可钓取鲤鱼、草鱼、翘嘴鲌、鲇鱼、鲫鱼及其他杂食性的大、中型鱼类。用上述这些昆虫作钓饵装钩时要摘除带锯齿的小腿，将钩从头与躯体的连接部位刺入，钩尖埋在腹部。个体较大的昆虫每钩挂 1 只；个体较小的昆虫，1 钩可挂 2 ~3 只。

●（五）贝类●

蚌蚬肉常用软体动物田螺、蚌、蚬的肉作钓饵，是天然水域池塘养鱼钓取草鱼、鲤鱼、鳜鱼、鲇鱼、鲴鱼等大中型鱼类的佳饵。螺、蚌、蚬这些软体动物可到池塘、河川水草较多的浅水区捞取。螺肉的穿钩方法是将螺壳敲破去壳取肉，肉在螺的头部略成暗白色，将钩在螺肉皮下1毫米处穿过，穿3~4颗即可，最后一颗钩尖与螺肉表面平齐。不宜钩得过深，因螺肉有一定韧性，钩深了不易破钩。此螺肉白鲦鱼也喜欢吃。发现浮标连续性小抖动时是白鲦鱼吃钩，可以不管它，一旦鲤鱼来了，白鲦就会逃之夭夭。提竿应迅猛，因螺肉有一定韧性，猛提可增加入鱼肉深度。

●（六）活虾●

虾类是水域分布极广的节肢动物。活虾含蛋白质丰富，肉味鲜美，绝大部分鱼喜食。用捞虾网在河塘浅水有杂草处可捞到很多虾。活鲜虾及虾肉是良好的钓饵，适用于冬季垂钓效果极佳。鲜虾饵装钩可在天然水域中钓取鲫鱼、鲤鱼、草鱼、鳜鱼、鲈鱼。尤其在秋季水凉，鱼爱吃荤食时钓鲤鲫鱼上钩率很高。用中等大的河虾钓个体较大的鱼可不去头剥壳，但要将虾的额角坚硬部分剪掉，从虾的颚部穿钩或从虾的尾节穿钩；用剥虾壳取虾肉切成小块，作钓饵挂在针尖上，适合钓个体较小的鲫鱼。用活虾饵海钓名贵的肉食性鱼类如石斑鱼、鲈鱼非它不可，其他较大型鱼也喜欢吃虾饵。活鲜沙虾、斑节虾和白虾穿钩后能在海中存活很久。虾类很易得，但却不易保鲜，一旦死亡腐烂便无法挂钩垂钓。河虾可用以下几种简易保鲜方法。

在垂钓水域出水活鲜虾，用浸过白酒的毛巾包严存放，可在一天内保持鲜活。在水鲜市场购买的鲜虾，可放入不漏水的塑料袋内，每500克鲜虾倒入40度白酒50毫升封存可供24小时内钓鱼使用。要注意白酒浓度和用量，浓度过高和用量过大会导致虾体变色发红降低上鱼率。

● (七) 沙蚕●

俗称海蚯蚓、海蜈蚣，沙蚕属环节动物中的多毛纲，样子极像蚯蚓，是适用于一年四季，钓各种海鱼的极好饵料。沙蚕虫体较小，大者长可达10厘米以上，身体分节明显，体节两侧突起成为具有刚毛的疣足，用以行动。栖息在我国沿海的海滩的高潮线至中潮线处含有机质丰富的沙中或混有部分泥的沙中，碎石、碎砖块或岩石旁数量多，只用泥工灰匙便可挖取。全年可得，挖取方便，所以是垂钓者的常用饵料，尤其在春季使用较高。沙蚕挖取后可保存。海钓时，一般用1条或几条，后者要多次横穿并露出活动的尾部以增加对鱼的吸引力。但垂钓时因穿后易死亡变色，还会产生一种异味，所以要经常换新虫。

31. 怎样养殖蚯蚓?

蚯蚓喜温，适宜温度为10～30℃，最宜温度在20℃左右，32℃以上，5℃以下处于休眠状态，喜湿、喜热、怕光、怕盐，多生活在潮湿、腐殖质多的土壤。蚯蚓的种类很多，全世界约有2 500余种，我国约有150多种。蚯蚓富含蛋白质，据测定，蚯蚓干体含粗蛋白61.93%、粗脂肪7.9%、碳水化合物14.2%。蚯蚓体表具有强烈气味的黏液，其头尾在水中不停蠕动，对多种鱼类有很强的诱惑力。除鲢鱼、鳙等少数鱼种外，淡水、海水中的其他鱼类都喜欢吃，被称为“万能钓饵”。现将蚯蚓养殖技术要点总结介绍如下。

●（一）土●

以肥沃土壤为佳，山泥生土也可以，但沙质不宜过重。土内可混入路边、阳沟内之碎垃圾土或烂稻草，以使土质松软不板结成块。有人饲养蚯蚓放入浇有动物血（猪、羊、鸡等血均可）的饲养土（物）内喂养，用动物血喂养的蚯蚓带有一定的血腥味，而肉食性鱼类对动物血腥味又特别敏感，鲫鱼等杂食性鱼类也很偏爱这种蚯蚓。蚯蚓在浇血的土中饲养，几天后再取出使用，对钓肉食性鱼类效果特别显著，杂食性鱼类的上钩率也明显提高。

●（二）器具●

凡能盛土的任何盆、钵或木箱均可，底部要求能漏水。木箱的面上置一盖，当用蚯蚓时倒翻木箱，因蚯蚓常在底部，这样捡拾蚯蚓十分方便。

●（三）喂食●

蚯蚓食量甚大，欲使其繁殖好生长快，食物必须充足。其食料要求不高，剩粥饭、烂瓜果等可混杂投放，投放饲料时最好倒出2/3泥土，饲料分散放在中、下层土，看其食物是否吃尽每隔1~2周投食1次。表层要盖60厘米不粘污食物之泥土，这样不致引来老鼠或其他虫蝇。有人用苹果喂养蚯蚓优点很多：苹果饲养出的蚯蚓带有酸甜的酒味，鲫鲤鱼等非常爱吃；有利于蚯蚓繁殖不用经常加水添食，从不发生蚯蚓死亡或逃逸现象。投喂苹果养殖蚯蚓的方法是将苹果切成两半，平铺在饲养蚯蚓的箱土之上，苹果腐烂后的水分湿润了土壤招来蚯蚓聚在苹果之下。当外出垂钓时，随手可得，那就方便多了。

● （四） 浇水●

蚯蚓喜潮湿，但土不宜湿至相黏成团。发现蚯蚓干缩是水份过少或缺乏营养的表现。水份过多，蚯蚓韧性降低，上钩易断。

蚯蚓繁殖生长迅速，一般饲养两盆（或箱），交替挖捡供经常钓鱼，也可在垂钓前到阴湿而且腐殖质较多的松软地表，用钉耙在土壤中挖取作为钓饵。

32. 钓鱼素饵有哪些种类，怎样使用素饵？

素饵指植物性钓饵，是使用最多，来源最丰富的钓鱼饵料，它最大优点是取料容易，制作简便，成本低廉，绝大多数的鱼，尤其是素食性和杂食性鱼类爱吃素饵。使用素饵主要垂钓鲤鱼、鲫鱼、鳊鱼、草鱼等鱼类。在春季，夏季和初秋垂钓效果最好。

● （一） 粮食颗粒钓饵●

粮食颗粒是垂钓者爱用的钓饵。下面将粮食颗粒作钓饵的几种简单方法介绍如下。

1. 用嫩玉米粒作钓饵

钓鱼用青玉米粒灌浆达成刚能掰剥下来的玉米粒作钓饵。由于有较浓的清香味，颜色显著，草鱼、翘嘴鲌、鲤鱼和大鲫鱼都喜欢吃，用嫩玉米钓上述鱼效果很好。嫩玉米太嫩了掰剥不下来，太老鱼不吃。鲜玉米粒还要严禁太阳暴晒以免玉米粒干枯影响垂钓效果。煮熟的嫩玉米粒也是一种好钓饵。

钓大鱼如青鱼、草鱼或大鲤鱼需用老一点的、颗粒大的玉米粒做钓饵。

用嫩玉米粒钓鱼时，每次装钩上只挂1颗嫩玉米粒，若籽粒较小，可装2~3粒。装钩动作要轻，钩尖不要露出。尽量不让浆汁流出，然后将上好玉米粒的鱼钩投入水中。

2. 米饭钓饵

用米饭粒做钓饵可钓草鱼、鲤鱼、鲫鱼和白鲦等多种鱼，如在饭粒上洒一些曲酒或香甜之物，引诱鱼上钩效果更好。出钓时抓一团米饭可供1天装钩钓鱼使用。

3. 麦粒钓饵

小麦粒可作钓饵，主钓鲤鱼，取材容易，价格经济。嫩麦粒饵：在小麦灌浆后成熟前直接采摘，去掉外皮，即可直接挂钩使用，不需要任何加工，钓草鱼效果更好。成熟麦粒饵：将成熟麦粒洗净，浸泡发涨，用高压锅煮熟，煮至麦粒裂口手捏即扁为佳。煮开花了太软，装钩易脱落，不裂口太硬，适口性差，易脱钩跑鱼。煮好的麦粒原汁浸泡待凉，去掉原汁备用。如果有嫩玉米粒与麦粒同煮，两种香甜味混为一体效果更佳。钓鲫鱼一钩挂一粒，钓草鱼鲤鱼应把钩装满不漏钩身。天然麦粒饵不宜使用香料、酒类、麝香水等浸泡，否则失去原汁原味，谈何天然。

4. 小米粒钓饵

使用小米作钓饵能钓取鲤鱼、鲫鱼等底栖鱼，小米用得最多的是在手竿垂钓时打窝子。之前取小米500克煮熟，成为较硬的粒状，但又能用手指压扁为好。然后将其盛于漏水的容器中将水沥干，加入曲酒100克，香油10克，搅拌均匀，装入瓶内密封，置于温暖处，天冷5天，天热3天即可。使用时视其干湿情况，加入适量的豆饼粉。此诱饵色泽金黄，香味浓郁，其中曲酒的香味在水中的穿透力较强，香油的香味在水中能持久，所以诱鱼效果较好。如与蚯蚓、蛆虫等荤钓饵配合使用，可取得较好的垂钓效果。

5. 面食钓饵

垂钓多用面食混合钓饵。由主料、辅料和味料组成，素食中变化最多。主料主要用面粉、玉米面、红薯粉等，其饵料黏性较大，在水中不易溶解，单钩悬挂比较适用。

面饵有很多的优点：可调换饵料，可调味调色，可大可小，能软能硬等。所以在垂钓中垂钓者用面饵较为普遍，而且喜欢自己制作。面食必须符合“色、形、味、动”四个条件。一般以白色为好；形状可捏成米粒形、长方形、瓜子形等；味可加入酒、肉汁、糖、盐等；动这里是指垂钓技术而言，素食本身不可能活动。钓饵沉底后老放着不动，鱼儿不易发现。垂钓者可轻轻抖动杆尖或慢慢上提30～60厘米再慢慢下沉，以引起鱼儿注意，往往收到较好的效果。

配制出两种混合素饵，配料：蚕豆粉、玉米粉（两种粉要细，蚕豆粉必须是生粉，带特有的生香味；玉米粉用市场上卖的袋装速食粉，使用方便，黏性好）、食用香精、蜂蜜（或白糖）、虾粉。配制方法依季节而异：晚秋、冬天至早春，蚕豆粉4份，玉米粉1份，香精、蜂蜜、虾粉少许，和水混成团即可垂钓。此饵腥香带甜味，鲫、鲤等鱼十分喜食，在鱼不爱活动的季节，能激发鱼的食欲。仲春至中秋，此时段配饵时，去掉虾粉和香精，可减少杂鱼干扰，鱼饵的软硬程度要求软硬适度，应掌握好以下几个环节。

(1) 搅：将面粉放入碗内，加适量的水，搅拌均匀。检验软硬度办法是，将搅拌好的面糊，均匀的抿在碗沿上，形成似流下似不流下的状态，手感与蒸馒头或烙饼用的面团相近即可达到软硬适度的要求。但在不同的钓鱼情况下，用饵的软硬是有区别的，如风浪大时用硬饵，风平浪静时用软饵；鱼不爱咬钩时用硬饵，频频上鱼时用软饵；水温高鱼活跃时用硬饵，水温低时用软饵。

(2) 蒸：将搅拌好的面糊碗，倒过来放入加水的蒸笼上，隔水蒸煮。一般 6 ~ 7 分钟即可，使面饵似熟非熟。太熟了，影响面饵的黏度。太生了，使用时黏手上，上钩不方便。

(3) 揉：将蒸好的面饵稍微晾一下。待不烫手时，放在面板或干净的瓷砖上，这时可根据所钓鱼种将自己喜欢的配料放入面饵内反复揉搓至均匀不沾手时为止。

(4) 包：将揉好的面饵，分为鸡蛋大小，用塑料纸紧紧包好，放入饵料盒内，便可带至鱼塘使用。回来后包好面饵放入冰箱冷藏，易保存，可以长期使用。

根据鱼体的大小上面饵。大鱼上大饵，小鱼上小饵，用面食钓鲫鱼尤应注意饵的大小。用面团钓鲫鱼不同于蚯蚓，要全神贯注，要及时把握提鱼竿时机。

(二) 嫩毛豆钓饵

以嫩毛豆为饵，在豆荚青嫩阶段籽粒灌浆在六七成时，即可剥取 1 粒嫩豆做钓饵。此饵的特点是有醇厚的豆香味，可以钓取多种淡水鱼，尤其是钓取草鱼、鳊鱼和鲫鱼的上等钓饵。

(三)桑葚钓饵

桑葚是桑树的果实，酸甜可口，草鱼、鳊鱼、鲤鱼、鲫鱼都很爱吃，用桑葚做钓饵具有广泛的适应性，尤其是钓草鱼的好钓饵。在桑葚成熟的季节可采一些桑葚或在树下收集。将一些从树上掉下来的桑葚，撒向水中打窝。打窝的目的是将分散的鱼吸引到窝点中来，刚撒下，就有鱼来抢食落水的桑葚。这时将从树上采下的新鲜桑葚穿挂在鱼钩上，钩尖微露出饵，及时把鱼钩轻轻地放入水中。用桑葚钓鱼要紧挨桑树旁下钩。饵钩吃水约50厘米即可。以浮钓效果最佳。时间不大，就见浮漂慢慢地没入水中，猛地一提竿，常可钓到鳊鱼、鲫鱼、草鱼、鲤鱼等多种鱼，效果显著。

(四)番茄钓饵

番茄有果的甜酸味。草鱼、鲤鱼、鲫鱼爱吃，青番茄直接装钩，偏酸遂用小刀将番茄切成小块，钩上一块作酸甜可口的钓饵，不一会儿只见浮漂慢慢下沉，一提竿很沉，就有鱼上钩了。垂钓者要善于观察水域周围环境，是否有自然食源，若没有就按常规垂钓，若有则就地取材。如选料将酸味较大成熟透红的番茄洗净去皮，用切菜机打成浆取其自然的酸甜搓成果酱，是钓鱼的上等添加饵，用果酱钓草鱼宜用偏酸的果酱钓饵；钓鲤鱼、鲫鱼用果酱作钓饵时用蒸熟的番茄肉泥发酵后作钓饵，其酸味使一些小杂鱼不敢吃，甜中透酸适中将它掺到糟食正适合钓草鱼、鲤鱼，效果甚好，特有香酸混和味对鳊、鲢都具有极强诱惑力，钓鱼效果好。

(五) 马铃薯钓饵

马铃薯俗称“土豆”，含有丰富的淀粉，虽不甜但有特殊的清香，是淡水域垂钓良好的钓饵。松散性好。根据钓鱼对象不同使用马铃薯钓饵的制作方法不同。使用其钓鲫鳊：单独用马铃薯钓饵，将马铃薯洗净放锅内煮或蒸熟。取出后晾4~5小时，使其质地变紧（回生过程）后去皮，然后熟土豆切成5毫米方丁儿，装入小瓶内滴4~5滴香油，钓鱼时挂在钩上即可。钓鲤：熟土豆切成10毫米方块装瓶，滴3~5滴食用香精（香蕉香型）。钓草鱼：草鱼对酒味最敏感，在切好的土豆丁中加几滴酒即可上钩垂钓。钓鲢、鳙：鲢鱼、鳙鱼喜酸臭，钓鲢加陈醋，钓鳙加青方汁即可增加诱鱼效果．如果单用马铃薯作钓饵松散柔软在水中容易分散，装钩入水后很快散化，为了增加黏性，也可将煮熟的马铃薯去皮揉成泥，然后掺一些商品钓饵或玉米面。因马铃薯松散性好，将其切片晾干碾成粉调制钓饵，在使用台钓方法时，其钓饵大多数都掺有马铃薯粉，入水后很快散化可起到诱饵的作用，成为钓、诱合一的饵料。

(六) 粕饼钓饵

油料作物加工后的多种粕饼中，常用的菜籽饼、花生饼等有广谱性的自然清香，价格经济，可作淡海水垂钓的诱饵和钓饵。现将以菜籽饼和花生饼糟饵的制作与使用方法分别介绍于后。

(1) 菜籽饼钓饵：菜籽饼以所钓鱼种广、效果好而著称。用菜籽饼粉做糟食饵可直接装钩使用功效显著。根据配料的不同，它可以钓鲫、鲤、草、鳊等10余种鱼类，且上钩率高，菜籽饼糟食饵是一种经济实用，诱钓合一的好饵料。从油坊中出来的饼块，经破碎机破碎成粉，用粗眼筛筛掉较大的颗粒和草屑。根据垂钓时的具体情况，取适量的饼粉用塑料袋、桶、盆等物盛装后，直接加入面粉，充分搅拌均匀，加水调和，以手捏成团，抛出去不散为宜。具体的比例应视情况而定。鱼咬钩勤、猛应少加面粉，反之则应多加一些。一般以在5～20分钟内化开为宜。为提高获鱼率，钓前应用菜籽饼块打窝，这样发窝快，饵团与打窝用的诱饵相同，诱钓合一。因饵味纯正自然，鲫鱼、鲤鱼、草鱼、鳊鱼等都爱食之，鱼咬钩较勤，上鱼率较高。用上述菜籽饼粉，可根据所钓鱼的种类，添加有诱鱼作用的其他香料。一般添加的香料有：大茴、丁香、广木香、香草、肉桂等中草药的粉末或泡制成的酒、酒米；高度白酒、浓香型曲酒或酒米；市场上出售的各类商品饵；或添加盐、糖、醋之类。此类糟食的最大特点就是香味足，钓对象鱼效果明显，且添加剂型槽食钓前不需专门打窝子诱鱼，但应注意香料的添加不宜过多、过乱，否则易造成鱼不咬钩的现象发生。

（2）花生饼鱼饵：花生饼是用花生仁榨油后所剩的下脚料挤压成的圆饼，它有很浓的熟花生香味又含油质在水中很易溶解，诱鱼效果很好。用它做海竿的钓饵钓过鲤鱼、鲫鱼、草鱼、罗非鱼及鲮鱼等，并且还钓过鳜鱼、黑鱼等肉食性鱼类，效果很好。花生饼鱼饵的加工使用方法是榨完油的花生饼用锥子敲成粉，然后放进瓶子里密封储存。使用时，把适量面粉和花生麸粉加水搓揉成团即可。面粉的比例大，饵就耐水泡。面粉的比例小，饵就容易雾化诱鱼。下钩前最好先用片状的花生麸撒窝。这种饵味道纯正香浓，因水流动冲击，使膨胀的花生粉浮起。在钩的周围形成很香浓的雾区，当鱼吸入花生饼粉时很易将鱼钩吸入口中。钓鲤鱼的效果最好，钓鲫鱼、鲂鱼等也不错，还可钓到鲢、鳙，花生块饵在水中泡到完全软化，时间很长，用该饵上鱼后还可以根据花生饼的厚度继续使用。

●（七）糟类鱼饵●

新鲜酒糟不仅具有曲酒的清香味，而且酸甜度适宜，是垂钓草鱼及鲤鱼喜欢的饵料。一年四季都可使作诱饵，又可以作钓饵；不仅适宜于手竿，又可作海竿串钓饵；把它捏碎掺在糟食里，又变成爆炸钓饵的成分之一，同时用酒糟作诱饵撒窝子，使鱼真假难辨，大大提高垂钓的效果。下面介绍高粱酒糟鱼饵和玉米酒糟鱼饵的制作和使用方法。

（1）高粱酒糟钓饵：高粱酒糟能钓到鲫鱼、鲤鱼、草鱼、青鱼、编鱼、鲦鱼等。具体用法是：用新鲜的酒糟诱饵钓饵为一体。使鱼失去警惕易上钩。选好钓点后，先投 1/3 饵料诱鱼，等约半小时（视鱼的密度，密度大 10 分钟有鱼进窝）便可垂钓。钓饵选柔软一些的为好。边钓边撒酒糟，每隔 4～5 分钟撒 10～20 粒。如频频上鱼可停撒；发现草、编鱼进窝，将浮漂向坠钩处下移 20～30 厘米即可钓草鱼、编鱼；如将饵料略作加工，按鱼的食性拌以菜枯粉、面粉、黄豆粉等鱼饵添加剂，此饵对鲫鱼、鲤鱼效果特别好，秋季使用易钓上大鲤鱼，其垂钓效果会大大地提高。

（2）玉米酒糟鱼饵：酒糟（这里主要指玉米酒糟）是一

种价廉物美的鱼饵，所用酒糟一定要新鲜，最好是当天刚出蒸锅的。如果作诱饵，可以掺些菜籽油枯粉、麦麸、米糠等粉末成分，以提高诱鱼效果。如果在水库撒窝点，可以用少量黄胶泥土作粘合剂，做成鸡蛋大小团块，不仅抛得远，而且使诱鱼效果更长久。尤其垂钓底层的鲤鱼，更能显示它的独特优点。如果作钓饵可略作适当加工，选择软硬适宜、颗粒较完整的玉米酒糟，再加少量大曲酒，用麦面、炒黄豆面、油枯粉裹上一层外衣，会大大提高上钩率。作钓饵穿钩时一定要把酒糟外衣穿破，再把钩按原路退回到酒糟颗粒内，提竿时成功率才会高。对鲫鱼效果差，不宜作钓鲫饵。

33. 怎样制作炸弹钓饵料?

炸弹钩饵料又称爆炸炸弹钩饵料，既可称钓饵，又可称诱饵，是合二为一的一种饵料，炸弹钩钓饵一般香味松散，投往钓点以后可在2~3分钟内散成一滩，炸弹钩（一般6~8个）随即埋在钓饵当中。鱼类吃食时，往往连泥带水、饵食、钓钩等一并吸入口中。然后再将无用废物逐一吐出。鱼钩被鱼吸入口中。鱼感到疼痛拼命逃窜致使鱼钩越刺越深。混合饵料近几年在钓鱼活动中广泛使用，特别在深秋和初春，效果更佳。现将以下3种制作炸弹钓饵的方法及注意事项简介如下。

原料：小麦面15%、玉米面20%、黄豆面10%、小麦麸皮55%，将各种原料按比例混合在大锅中用文火慢慢炒香，不必炒熟，更不可炒焦，趁热加10%大曲酒拌匀，装入塑料袋中封好使其发酵，8 小时后加适量的水拌合即可使用。这种饵料的特点是酒香味浓（鲤鱼、草鱼均喜欢吃），上钩率高。发酵好的饵料用袋密封，可长期存放，随用随取。饵料的一次使用量不必太多，一般如鹅蛋大的量即可。先用一半量将炸弹钩弹簧包好，尔后将几个钩均匀地分布在周围，再用另一半量将四周的钩裹好，用手捏紧，即可抛出。饵料不能加水过多或过少。过多饵太软，抛出去即散掉；过少饵太硬，入水后不散化，一般用手微微用力能捏成团即可。

原料可分为主料和辅料。主料：豆饼 100 克，玉米渣 50 克，玉米面和黄豆面（黑豆面亦可）各 25 克，芝麻 10 克，小米 25 克。辅料（即添加料）：玉米面 100 克熬粥，酒糟 15 克，麸子 10 克。

制作方法：将豆饼轧碎，上锅干炒至散发出香味；玉米渣筛选如小米或半个稻米粒大小的上锅干炒至焦黄色；小米加半杯白酒，放在玻璃瓶（或塑料袋）中闷两个小时以上；芝麻炒黄，轧碎；黄豆面和玉米面放在锅内。加 10 克香油，炒 3 分钟。将主料拌匀，再加进辅料，揉搓和匀，呈蒸窝头面状。将其盛入塑料袋内，备用。

使用方法，将和好的炸弹钩钓饵抓取 25 克左右，再揉搓，攥在炸弹钩的锥形弹簧上，把其上的单钩隐秘在钓饵中。如果过于松散，可在钓饵外面罩以糯米纸或毛头纸，入水后不久，也会自然松散开来。

●蚯蚓腥香炸弹饵●

此饵腥味香味正，适口对味，诱鱼力强，制作方法简单，对鲤鱼、鲫鱼、草鱼，都有极好的效果。制作饵料时将鲜活的蚯蚓（品种不限，红色最佳）放在干净的碗中，用红糖或白糖腌制半小时。蚯蚓化成小段后将其连汁一起掺入已做好的其他甜香炸弹饵中。甜香炸弹饵：可用玉米面40%、麦麸40%、黄豆面20%、少许面粉作黏合剂，将三种面料用文火炒香晾凉掺入腌制好的蚯蚓即可，蚯蚓现用现腌效果较好。炸弹钓饵荤素结合上鱼率高，效果好。其做法是：先将常规炸弹钓饵和好，捏成鸡蛋大小，装在炸弹钓弹簧上，捏紧固定后，再将6只炸弹钩穿上鲜活的红蚯蚓，蚯蚓头或尾部留于钩尖外约1~1.5厘米，然后再将挂上蚯蚓的钩均匀地安插在饵料上即可。这样做好处是：

1. 饵料溶解扩散快。当饵料和蚯蚓入水后，蚯蚓不断地在饵料上蠕动，可加快饵料进一步溶解扩散。

2. 诱鱼进窝快。饵料入水溶解扩散后。香、甜、酸等味散发面积大，气味浓，促使鱼类进窝快。

3. 上鱼率高。当鱼进窝后，发现蚯蚓在窝内蠕动，经不住饵料香味的诱惑，就会直接咬蚯蚓而上钩，缩短以往鱼吃食无意中吸入钩的时间，从而增加了上鱼率。

4. 避免死钩。以往有时炸弹投入水后，因各种原因，促使饵料移位脱落，变成空钩，只要挂上鲜活红蚯蚓，即使饵料移位脱落，钩上鲜活蚯蚓仍在蠕动，同样可以诱鱼咬钩。

使用炸弹钓饵料的注意事项如下：

1. 炸弹钩钓饵不能过软过硬。过软，投竿时容易脱落；过硬，钓饵沉底后迟迟不能摊散在地都会影响垂钓效果。初次制作和使用者，可先行试验——在玉米面粥的黏稀程度和用量多少上适当增减，即可使钓饵软硬适中。

2. 组成炸弹钩的单钩不能过大，钩柄不宜过长。如果选用日本钩，最好选用 HH 长良友钓钩 7.5～9 号、HH 鲤鱼钩 12～14 号。唯此，炸弹钩的钓饵才好挂，钓钩被鱼吸入的成功率才会更高。

3. 最好用软脑线拴缚单钩，这样容易被鱼吸入口中。鱼线最好红褐色或草绿色，如选取和水底泥沙一样的颜色更佳。这才不至于使鱼产生警觉，以增加上钩率。

34. 怎样配制使用常见鱼的鱼饵？

配用鱼饵是进行垂钓的重要环节。钓谚云“鱼食不对口，回家必空手。”说的是钓饵与鱼的食性、食欲相对应的原则。不同食性的鱼类对食物选择具有明显的差异。如鱼类视觉良好的很稀少，垂钓时钓饵则应适应其视力弱的特点，必须用鲜艳的饵有光泽、色彩、形状动作等条件吸引鱼类吞饵进食。嗅觉应迎合鱼的口味调配饵料。大多数硬骨鱼类嗅觉较为迟钝。为了吸引鱼类吞饵进食，必须选用迎合鱼类嗅觉口味的饵料。如施钓贪食性凶猛鱼类，必须选用腥味大的动物性的钓饵。施钓淡水中的鲤鱼、草鱼、鲫鱼等，应选用面食类的植物性饵料。并在饵料中掺入些豆饼、白酒、香油等具有茅香味的佐料。味觉：新鲜饵料更吸引鱼类吞食进饵。鱼类味觉的感受是由分布在鱼唇缘上，牙齿中间和触烫上的味蕾引起的。一般鱼类大都用口唇猎食。施钓用新鲜、洁净钓饵，上鱼率较高，如用过腥、过咸的饵料，钓获效果较差。触觉：鱼儿进食挑口感，在水域中鱼类如发现迎合鱼口味的饵料，便游去吞食；因此若在水域施钓时需用软硬适度、粗细适中、黏滑的钓饵可以提高钓获率。钓鱼食性要对路才能提高鱼饵的适应性，获得好的效果。克服盲目性和随意性，防止乱用或滥用饵料。下面就草、鲤、鲢（花、白）、鲫、鳊5种对象鱼而言，其食饵大致分为3种：草鱼饵，鲤鱼饵，鲢鱼饵（包括花、白鲢）几种比较普遍、来源广泛、用法各异，但又钓效显著的钓饵的配制应用介绍如下。

钓草鱼的鱼饵：草鱼食量大，且杂。应根据池塘环境、季节等不同特点，选择最佳草、素饵。每年5~9月，草鱼吃食活跃。特别是在6~8月中，其生长迅速，活动量和食量达到高峰，是钓鱼的黄金季节。草鱼属中下层鱼，要钓草鱼先要看河塘内有无杂草。如无杂草应使用嫩绿菜，夏季可用西瓜皮作钓饵，钓草鱼效果好。因西瓜皮具有植物清香味道草鱼喜欢吃。制作方法：选择个大皮厚的西瓜，削掉外层硬皮。使瓜皮水分溢出（对鱼有吸引力，又可避免因外层瓜皮太硬而跑鱼）。根据钓场鱼的大小，将西瓜皮切成6~10毫米见方的小块块，挂在钩上，便可垂钓。此种钓饵宜现用现做，不宜长时间存放。因夏季温度高，存放时间过长会使其水分溢出后变硬影响垂钓的效果。面饵为春季钓草鱼用饵，如用发酵的酸麦麸兑窝头或白面等装钩后下水垂钓效果很好。秋季用中饵，如用杂鱼应使用蚂蚱、蟋蟀、青虫、蝼蛄、地蚕等活整虫作钓饵。

钓鲤鱼的鱼饵：除大豆粉外，鲤鱼最喜欢吃玉米粉。用玉米粉加少量面粉、蛋清蒸熟即可。冬季鲤鱼最喜欢吃红苕（白薯要红心）。将红苕用刀切成小条蒸7~8成熟即可。制作鲤鱼饵应该做到：新鲜、味正、不苦不酸，最好现用现做。鲤鱼饵的做法和种类很多，但不管做什么饵，都要体现出特点来。有人用豆饼100克、窝头250克、酒500毫升，把窝头用手搓碎与豆饼、酒混合起来，一边搅拌，一边加水，然后团成核桃大的圆球。攥紧，放在水盆里试验。放10~15分钟化开为宜。如过早化开可以加些干面料，把这些原料都揉和在一起、揉均，做好的饵料应能闻到有一点酸味，有刺舌头的酸味，这种饵料上钩率很高。有人将生大豆粉加上少量面粉，用开水拌匀。钓鱼时用手捏上一小条即可。因大豆粉带有大量淀粉、腥味，鱼很远便可嗅到。其次可用蚯蚓，但不宜把当天捉到的蚯蚓用来钓鱼，至少要用茶水或细泥喂养几天。这样蚯蚓色泽鲜、有韧性，鱼不会一下咬断它。秋钓鲤鱼可用南瓜做成饵料味甜香，对鲤鱼、鲫鱼有极大的诱聚力。黄红色南瓜饵现用现做。南瓜饵钓鱼适用于池塘、水库、湖泊垂钓。制作方法：用刀将南瓜切成小方条放开水中烫30秒左右。晾凉后根据钓鱼大小挂钩垂钓。使用此饵宜现用现制作，不宜长时间存放。

钓鲢鱼的鱼饵：鲢鱼包括白鲢和花鲢（鳙鱼）。白、花鲢的食性基本一样，以酸、臭为特点。酸度大小对上鱼有明显的影响，但并不是越酸越好。这种酸食主要成分有馒头、面包、剩米饭、豆饼、麸子等，只要没有变质的剩粮食都可以用。把它们揉碎，再加些酒，有条件的可掺一些酒厂用的酒曲。把这些原料拌均匀后，放入坛内封存。数月后打开盖有一股陈香的酒味和酸味。用时取出部分，再加入新料，一年随用随填，很方便。发酵好的酸食没有杂菌、味香。鲢鱼饵的制作方法：做鲢鱼钓饵的适当原料是新鲜的稻糠、豆腐渣、面粉、炒大麦面、土豆泥等等。把这些原料等量地混合在一起，轻轻搅拌制成易溶于水的团状物，取乒乓球大小装在鱼钩上就可以进行垂钓了。鲢鱼钓饵和鲤鱼钓饵一样，黏性不要太大，以能够达到浸入水中数分钟后，鱼饵周围有雾状散开物，也就是说象漂着大量浮游生物的样子为好。

钓鲫鱼的鱼饵：在钓鲫鱼时，动物性钓饵首选是蚯蚓，蝇蛆、菜青虫、蚱蜢、蟋蟀等均是钓鲫鱼的好钓饵；植物性钓饵面饵是钓鲫鱼的常用饵料。制作方法：以面粉，玉米粉为主料加水蒸20分钟后加辅料酒曲，蜂蜜、蚕蛹粉、鱼粉、黄豆粉、麻油等混团并揉成面团要软硬适中，使用时取一小块装在钩尖上。有人配制钓鲫鱼饵料用碎豆饼150克、玉米面窝头100克、酒50毫升，加水适量。制作时一边加水一边搅拌，使之掺和到一起并偏软。如果准备在有水流的地方钓鱼，酒要多放一点，静水区域可酌减。鱼饵料的配制必须现用现做，饵料不能过夜。

钓鳊鱼的鱼饵：鳊鱼和草鱼一样属于中层鱼，多数水域水底不平坦杂草乱石较多，采用一线双钩一荤一素鱼饵，底钩上挂面食，上钩挂红蚯蚓，易发现钓鳊鱼能引鱼来咬钩可有效提高咬钩率，且脱钩率极低，又可避免小杂鱼的干扰。冬季用鸡肝做钓饵钓鳊鱼，鲜鸡肝色红并且具有一种特殊的腥味能很快的诱惑新鲜鳊鱼进入钩点。鸡肝做饵不要太大，一般切成1立方厘米的块状，钓钩不要太大，选用伊势尼6号钩即可，不必双钩。冬天垂钓，鱼在深潭越冬，天晴时会在向阳处游动觅食。如鱼不咬钩可将钩饵轻轻移动诱鱼上钩。

钓白条的鱼饵：白条活动力强又比较狡猾，最喜吃小虾．可将小虾的头去掉，再用手将小虾从尾至头方向挤压使虾肉完全露出来。钓白条时坠子不宜过重并使水线能随水流动以招来鱼群。

钓黑鱼的鱼饵：钓黑鱼可用新鲜鱼虾作饵料。使用方法是：用活小鱼挂到钩上后放入水里很活跃，是钓黑鱼的好钓饵，缺点是小鱼易死，使用也不方便。根据黑鱼喜欢白色和有鲜味的特点，采用小鱼肉作钓饵，其方法是将钓到的小黄鱼用利刀切成上粗下细的长条状挂在钩上，投到礁石洞或悬空石的跟前。上钩率也很高。

钓海鱼的钓饵：钓海鱼的钓饵种类很多，如在海滩挖沙蚕虾和牡蛎的肉作钓饵，将钓饵投到暗礁石跟前，可钓黑鱼和黄鱼。黄鳍鲷的饵料常用的有各种沙蚕（俗称海蜈蚣），小虾，牡蛎肉等。其中，以鲜活的沙蚕最好，在当天上午，退潮后于腐殖质多的岸边海滩上挖掘，然后拌些干燥的冷细沙，装入竹制的饵料罐内，置阴凉处待用。小虾要去头剥壳，用虾饵冬季进行垂钓效果最佳。牡蛎肉必须新鲜，最好放在盐水中渍 3 小时防止牡蛎肉腐烂发臭。

竿梢抖动鱼已吞钩，立即抖腕抬竿，但用力不可过猛，钩扎进鱼嘴后顺势提鱼出水，取鱼下篓。切不可将鱼摆至钓者的胸、腹部，防止被鱼鳍的硬棘刺伤。若在逐渐轻提的过程中，未感觉鱼来咬钩，应停止提拉或者重新甩钩。还应检查钩尖是否外露，随时添换鲜活的沙蚕。下钩一小时内倘无鱼咬钩或渔获甚微，要马上更换钓点，跟踪鱼群。

海钓不同于淡水湖泊、池塘中垂钓。潮水涨落，流速随时在不断变化，而黄鳍鲷游泳缓慢，喜欢在缓流中逆水索饵。一般情况下，八分潮至满潮时较少上鱼，在退到七分潮至涨到三分潮这段时间，只要在良好的钓点，就可能频频抬竿上鱼。但一个钓点在垂钓一段时间后，要随着鱼群跟踪转移。

35. 商品鱼饵有哪些优点?怎样选用商品饵?

现在市售商品鱼饵品种繁多，已被广大垂钓者广泛使用，好饵还要会调制。商品饵的优点是配方科学，质量好。每种饵料的香味，吸水性，膨胀性适度。商品饵由于经过化学处理，时间长不会霉变。同时商品饵用途分得很细，目标明确，针对性强。如有专用钓鲫鱼饵、鲤鱼饵、草鱼饵、罗非鱼饵等。还有气味不同的香型饵、甜味饵、浓腥淡香饵、浓香淡甜饵，也有以诱鱼为主的诱饵，更多的是以钓为主的钓饵。按饵类成分形状分，有片状鱼饵，此饵易膨胀，适合钓小鱼用；有粉状鱼饵，此饵不膨胀，张力小，适合钓中型鱼；还有颗粒状鱼饵，适合钓大鱼。此外以粮食为主原料的袋装钓饵，它的优点之一是调制方便，出钓时无须事前为制作钓饵而忙碌，到达钓场取出饵料，用那里的水，原食原汤，随调随用。要根据鱼情水情，调制出软硬不同的具有极强针对性的钓饵达到能钓上鱼来的目的。调制粉状原料的钓饵，可以调成很硬的面团，如在钓小杂鱼用硬饵最合适，面团硬小，鱼咬不散招来一堆小鱼，这时会引起大鱼的注意，正好利用小鱼为大鱼作向导，在水流不太急的地方，也可使用硬饵。使用商品鱼饵能刺激鱼的感官，使之增加食欲，进食上钩。

这些钓饵在一定条件下会有作用，但它们仍改变不了鱼儿摄食的习惯。只有适合鱼的口味，这样才能钓上鱼来，使用不当者可能钓不上鱼来。

使用商品鱼饵的方法是扯开包装袋将鱼饵倒入盆中后，按一定比例用量杯将水迅速倒入饵料中，要求水分混和均匀，夏天3~5分钟，冬春时间较长一些，饵料吸水膨胀后进行揉搓（不能过分揉搓，否则会使饵料发黏影响效果），饵料调配后用湿毛巾盖住，只留一小部分使用，要多少取多少。有些袋装钓饵，加水湿透，清拌几下，即成为松散型的钓饵，它的特点是雾化性很好，入水后即开始掉渣，对鱼儿有极大诱惑力。在水不太深，又无小杂鱼捣乱的前提下，用这种钓饵效果特好。反之，如水太深，钩尚未到底，松散的钓饵已完全脱落。如水中小杂鱼多，钓饵在下落的途中或沉底后，会遭到小鱼夺食，很快将钩上之饵拱散。此外垂钓者选用商品鱼饵一定要根据在不同水域和自己使用的目的选用鱼饵，钓何种鱼本着先诱后钓或诱钓混合使用商品鱼饵。

第三章　鱼的生活习性及影响生活的因素

36. 为什么要了解鱼的生活习性?

了解鱼在不同水层的管理科学特征，掌握鱼类的基本生活规律，采取科学方法配置饵料，选用钓具，选择好钓鱼点，才能有针对性的施钓，进而可以得到好的垂钓效果。

37. 鱼为什么生活在不同水层?

鱼类是适应水栖的低等脊椎动物。鱼有趋氧性，水的溶氧量高低影响鱼吃食。哪里氧气和食物充足，鱼就在哪里活动觅食，鱼窝就在哪里。由于水中氧气分布不均匀，它们生活在不同的水层。上层水接触空气多，所以溶氧量要比下层水高，如餐鲦、翘嘴鲌等鱼耐氧力很差，鲢鱼、鳙鱼的耐氧力差一些，所以生活在水的上层。

从鱼类的生活活动习性上，可将鱼类相对分为上层鱼、中层鱼和底层鱼 3 类。上层鱼，如鲢鱼、鳙鱼滤食浮游生物的鱼类。由于上层的浮游生物多，因此，鲢鱼和鳙鱼在水的中层或上层生活。中下层鱼类，如草鱼、鳊鱼、团头鲂主要食草。底层鱼类，如青鱼吃螺、蚬等底栖软体动物，并能挖掘生活在底泥中的其他有机类食物。鲤、鲫、鲮鱼也吃有机物碎屑和底泥表面的藻类。鱼类混养可充分利用各水层中不同的食料，提高经济效益。鲫鱼、鲤鱼等鱼的耐氧力强，可以在水中各层生活，由于水底的食物较丰富，所以它们较多在水下层生活。但肥水塘本身饲养的是底层鱼如鲫鱼等，但又是在水上层游动。了解鱼在不同水层生活的特征，即可有针对性地使用不同钓具进行浮钓钓浅不钓深，或采用悬钓或底钓就会有收获（图1）。

图1　因食性不同生活在不同水层中的几种淡水鱼类

38. 鱼类的食性特点有哪些？

鱼的种类很多，因鱼种不同食性也不相同。有的鱼如鲢鱼、鳙鱼食小米、饭粒；有的鱼如草鱼喜食水草等植物性食料；有的鱼如大青鱼等食动物性食料，如蚯蚓、小蚊虫等；有的鱼既食动物性食料，也食植物性食料。但鱼类需求食物也受自然因素的影响而有变异性。鱼对食料的气味很敏感，尤其喜欢带有芳香味和甜味的食料。有的鱼如鲇鱼喜食带腥臭味的食料；鲢鱼喜食带酸味的食料。除了少数鱼种外，大多数鱼都不喜欢食有怪味和有辣味、苦味的食料。

（一）鱼类的食性

根据不同食性鱼类分为四大类：

1. 浮游生物食性鱼类

内陆水域生活的鱼类有：鲢鱼、鳙鱼、白鲫、鳊鱼等。海洋中生活的鱼类有：天竺鲷、鲱鱼、鳀鱼、秋刀鱼、香鱼、鳐鱼、鲹科鱼等。

2. 杂食性鱼类

内陆水域生活的鱼类有：鲤鱼、鲫鱼、鳊鱼、鲂鱼、鲴鱼、草鱼、鲮鱼、罗非鱼、淡水白鲳、泥鳅等。海洋中生活的鱼类有：鲷、梭鱼、鲻鱼、牙鲆、鲽鱼等。

3. 肉食性鱼类

内陆淡水中生活的鱼类有：青鱼、鳜鱼、黑鱼、鲇鱼、虹鳟鱼、红鳍鲌、黄颡鱼等。海洋中生活的主要鱼类有：东方鲀、鲈鱼、鲐鱼、大黄鱼、小黄鱼、多鳞鱚、刺鰕虎等。

4. 鱼食性鱼类

内陆淡水生活的鱼类有：鳡鱼、蒙古鲌、翘嘴红鲌等。海洋中生活的主要鱼类有：鲨鱼、金枪鱼、鲣鱼、银带鱼、杜父鱼、鳗鱼、鳚鱼、鲑鱼等。

（二）鱼类的摄食方式

鱼进食的方式随鱼种类不同也有多样。淡水中的如花鲢、白鲢等，海洋中的如姥鲨等，鱼口很大，鳃耙很密，它们用滤食式方式，即张嘴不停地喝水，将水中的小型浮游生物食料通过鳃耙被挡留在口中，逐渐送入食管，水自鳃孔流出。有的鱼有咽齿磨烂食物后吃下。有的鱼如淡水中的鲇鱼、黄颡鱼、泥鳅等，鱼口周围长有触须。喜生活在昏暗的水底或昼伏夜出，它们用触须为探索器，上有味蕾，遇到食物就张口吞下。黄鳝发现食料后，悄悄逼近，大口猛张，连食带水一块吞下。凶猛鱼类如我国淡水江河湖泊中的鳡、狗鱼、翘嘴红鲌等鱼生活在水体上部，口很大，视线好，游速快，以鱼为食。发现食料穷追不舍，直至追上吞下。如乌鳢、鳜鱼等生活在水体底部，虽口大，视力好，游速不很快，但爆发力极强。它们以水草、石块等物隐蔽，等待发现食物突击捕获吞食，如果失败也不远追，仍退回原地埋伏起来，等待下一次发现食物突击捕食。

39. 鱼的生殖习性有哪些？

鱼类的繁殖力高，是因为怀卵量高。鱼类繁殖力高低与生殖方式及繁殖条件有关。由于生活在水域中的鱼类品种繁多，繁殖习性各异。鱼类繁殖后代交配方式，绝大多数硬骨鱼类是在体外受精、体外发育。到了生殖季节，雄鱼和雌鱼分别向水中流出精子和卵子，精、卵在水中相遇即可完成受精作用。还有一种方式：到生殖季节，雄鱼兴奋的绕着雌鱼游动，待雌鱼产出卵后，雄鱼在卵上射出精子。从鱼卵的比重来看，大约可分为浮性卵和沉性卵。浮性卵比水轻，从鱼体中排出后浮在水面，卵小而透明，不易被其他水生动物注意；同时，在海洋中上层光线充足，溶解于水中的氧气多，有利于卵的孵化。绝大多数咸水鱼都产浮性卵。沉性卵外层有一层坚硬而光滑的壳，由于比水重下沉水底；沉性卵的外壳表面还富有黏性，常常附着于水底的岩石上和水草的茎叶上。这类鱼产卵量大，但成活率低。淡水鱼则大多数产沉性卵。鱼卵孵化成小鱼的过程是一个卵子和精子合并以后的卵子叫受精卵的分裂发育过程。在显微镜下观察受精卵，可以看到卵子在受精后1～2个小时内，其中的一端开始向上隆起，成为半球形；渐渐地半球形的正中心线凹陷下去，卵由单细胞变成两个细胞，这两个细胞又分成4个，4个又分成8个……以后经过无数次的分裂，细胞的数量越来越多，体积也越来越大。这一团细胞再向四周扩张，渐渐都把卵黄包包围起来。这时卵的表面出现一条由细胞组成的轴。这条轴又不断地发展，一端膨胀起来的部分成为胚胎的头部，另一端则生成尾部。经过一定时期的发育，胚胎就成为一条盘在卵壳内的小鱼，卵壳逐渐变软变薄，最后小鱼破壳而出。卵子从受精到孵化的过程，因季节和温度的不同而相异。刚刚孵化的小鱼中，有一些鱼类则需要一个较长的变化过程，才能长得和亲鱼相像。软骨鱼类大多是体内受精，受精卵在鱼体内发育成仔鱼后才产出，这种生殖方式叫卵胎生。鲨鱼大多数为卵胎生。鲨鱼交配时，雄鱼将腹鳍内侧的交接器直接插入雌鱼的生殖孔内，将精液送到雌鱼的输卵管内。卵在雌鱼体内受精并发育成仔鱼，待仔鱼生长到一定程度时，才由母体的生殖孔中产出。由于环境的复杂，致使鱼类繁殖的多样化，这是对环境的适应。

40. 鱼的年龄与寿命有多大？

鱼类终生生长，个体越大，年龄也越大。可根据鱼类体组织（如鳞片、耳石、鳍条、支鳍骨、鳃盖骨、脊椎骨等）上的年轮来判断其寿命。如用鱼鳞来判断鱼的年龄的方法是：取一片鱼鳞置于放大镜或简单的显微镜下，通过它可以看到鱼鳞分为黑、白两部分。其中黑色部分在鱼皮内侧，白色是露出部分。在黑色部分有类似木纹的环纹，判断鱼的年龄即以此为根据。如果鱼鳞上有5条环纹，那么这条鱼就是6岁，有4条环纹它就是5岁。环纹加一就是鱼的实际年龄。

一般来说，鱼类的寿命与其个体大小和性成熟年龄有关。鱼体越大，性成熟越晚，寿命就越长。从这个角度讲，在我国的淡水鱼中，餐鲦鱼、红鳍鲌、鲴鱼、黄颡鱼、银鲴、沙鳢的寿命在2~4年；青鱼、草鱼、鲢鱼、鳙鱼、鲫鱼、鲂鱼、翘嘴红鲌、鳜鱼的寿命多在7~8年，个别可活到10年以上。海水鱼的寿命较短些。我国长江的白鲟，寿命也接近100年。很多小型鱼类，如淡水里的鰕虎鱼、青鳉、银鱼，寿命只有一年左右。尽管鱼类的寿命种间差异很大，但绝大多数鱼的寿命集中在2~20年，其中又有60%集中在5~20年，能活到30年以上的鱼类不会超过10%，而2年以下的也只有5%。世界上最大的鱼——鲸鲨的寿命应最长。可惜到目前为止，人们对它的寿命一无所知。

41. 水质和水位对鱼类生活有什么影响?

鱼儿离不开水，鱼儿离开水就会死亡。水质及水位对钓鱼类摄食生活有很大关系。水质好氧气充足，鱼儿活跃生长健壮；水质差氧气少，就会影响鱼的生活，甚至死亡。因此，钓鱼者必须了解各种水色反映的水质状况和鱼饵多少等。水情水质的变化是影响鱼儿摄食原因之一。垂钓者应选定适合垂钓的水域。

垂钓水体主要有池塘、水库、沟渠、河道、湖泊和大海。除池塘水情单一外，每一种水体都有特定的水情。如池塘水色大多与肥瘦有关，一般春季透明，夏季油绿，秋季褐绿，冬季变淡。水库、湖泊、河流水色与季节有关，平时一般呈青绿色，汛期由于泥沙过多时呈黄褐色；不流通的湖泊水的水色主要是水中浮游生物及悬浮泥沙所造成的，一般春季浅绿色，夏季青绿色，秋季水色变淡，冬季水色更淡。海洋的水色一般为深蓝色，近海特别是近海河海相会处，水位浅蓝色、淡黄色或青黄色。水色有青黄之分，指含泥沙程度不同。水中水色不同，水中鱼类也有不同。

水色浑而不浊，呈现淡黄色、青黄色，表明水色良好、肥瘦适中。鱼类在这样的水体中感觉舒适，食欲良好，表现活跃。油绿的水中含氧量高，鱼饵充足。淡水呈淡黄橙色，鲤鱼较多，以青色为主的淡青色草鱼较多。暴雨过后，陆地上杂物，泥沙冲入水底，使水混浊。如果水体泥沙含量过多，水色呈褐色，泥浆过于混浊。鱼在这样的水里感觉视线受阻，难以发现食物，大多数鱼类不习惯这种环境（除主要依靠触觉与嗅觉觅食的，如鮰鱼、鲇鱼等水色浑浊不影响其摄食。），会逃往与此相连的其他水域。如果水体的水质过肥呈绿褐色，表明水体中有机物含量太高，浮游生物太多，水中缺氧，鱼儿憋闷难受，不想吃食。如水质受到污染，严重时水体呈灰白色，有腥臭气味，水面上漂浮着一层黑色油脂。鱼儿不但没有食欲，甚至失去生存条件，则不宜垂钓。如果水体清澈见底，水质过瘦的水体中藻类植物及微生物很少，鱼儿不会咬钓。人竿影子会吓鱼逃避，不敢上前索饵，也造成鱼不咬钩。而水的酸碱度，碱性过大的水不宜养鱼，过酸的水对鱼的影响也很大。水过酸，鱼儿也不爱咬钩。一般的肥水大都偏酸，肥水鱼难钓。

鱼对水位的变化异常敏感，水位对鱼摄食影响很大。较长时期水位保持不变的水域，鱼的活动处于恒定的状态。当下雨发汛，或排放泄水，使水位骤然发生显著变化时，鱼类活动频繁，游弋加剧，摄食量增加。水体中食物链发生变化，原有的某些食料流失，中间食物中断，引起鱼类生活恐慌，四处觅食；另外，新鲜水注入水体，水中的溶氧度增高，鱼类活跃，流水注入的下水道口、闸口等处，往往是许多鱼类群集嬉游的场所，自然也是理想的钓位。水的涨落对鱼的游动、觅食都有很大的影响。因为水的深浅不同，光照情况不同等原因会使同一水层含氧量不均，涨水时，新水注入水底，水中含氧量增加，会出现富氧区和富氧层，鱼儿游动情况自然就会有所不同。但也造成水体中原有某些食物流失，引起鱼类游向岸边觅食；当水位跌落时鱼又游回深水区，小鱼涉世不深，边游边吃。所以水位跌落时能钓上的鱼多为小鱼，而大鱼很少咬钩。所以，垂钓时应根据水位变化选定钓位。

42. 风向风力对垂钓有哪些影响？

高空大气由高气压区向低气压区流动而形成风，风刮动水面，促使水体溶氧度增高，鱼类显得更为活跃。所以有刮风好钓鱼之说。因为刮风对鱼摄食有较大的影响。风力即风的强度常以风级表示。和风细雨或1～3级轻风乃是垂钓的好天气，鱼儿活跃。风力2～3级时迎风钓，因鱼有顶风游习性。4级风钓鱼效果也好，可选择侧风，后侧风或近下风处垂钓。风推水动不但增加了水中的溶氧量，风浪把水面漂浮物吹向岸边，又把岸边水底沉积物翻起形成水色较浑、富含鱼儿食物的水域，此时鱼儿到风浪拍岸浅水中觅食。一些浮游生物，藻类植物及游在水面的昆虫和杂草、花粉也会随风流至下风口，鱼会游到下风口底层觅食。因此，这时到下风口布窝垂钓必有收获。若是在面积较大的水库、江河湖泊垂钓，刮4～5级风掀起水面波浪时，在迎风处手竿无法垂钓，海竿垂钓效果往往也不甚理想。风力过猛亦不适宜垂钓，因风急浪高难以看清浮漂，鱼亦藏于底层很少活动。水面平静如镜、没有一丝风的天气，并非垂钓最佳天气。尤其是夏季往往因无风而引起水体缺氧，鱼儿浮头而不思食。

风向对鱼摄食影响更为明显。垂钓时需看天气识风向，把握垂钓时机，减少选择垂钓时间和钓位出现盲目性，可以增加钓鱼效果。一般而言，刮东南风是钓者最忌讳的。投钓率低。尤其夏季最忌南风，故有“钓翁钓翁，勿钓南风”“风起南风，赶快回转”之谚。东南风也往往造成大气中水分增多而气压变低，致使鱼类产生不适之感，很少游动。西风干燥，亦对垂钓不利。刮北风，包括冬季刮北风，均对鱼类活动有利，鱼虽减少了在上层活动，但仍在中下层频繁游动觅食。这是因为北风造成气温和水温差，使水体中溶氧度增多，鱼类感到异常舒适，所以“北风凉飕飕，下钩好垂钓”。一个地方热的厉害，不久便产生大风。冬季天气回暖，热的反常便会有冷空气来临，称寒潮风。寒潮前后冷热温差较大，引起较大气压差，气温上升或下降激烈。鱼对变化着的气温、气压感觉异常灵敏，加快流动速度，因此摄食机会相应增多。故潮前、潮后适宜垂钓。

此外，在风中垂钓还应该注意以下五点：①钓饵宜小。一定要比平时细小，以便鱼迅速将其摄入其口腔内部，饵咬进深，鱼不易早发觉吐钩而去。②漂露水面少。漂尖在水面上，以风浪来时漂尖不被淹没为度。如果风浪中漂露出水面部分多，风推浪涌浮漂晃动幅度大，不仅给鱼拱漂增加负担，鱼易发觉异样而吐钩，同时水面光线作用，漂发生变化，不易看清楚。③逆风下钩。因为天然饵料被风刮到下风口，那儿鱼多，同时漂在风浪推动下顺风倾斜，漂的变化看的更清楚。④注意季节鱼的特点。因为鱼儿冬季吃食很轻，拱漂幅度小，加之风浪，因此只要漂一动立即起竿。⑤分辨鱼吞饵还是风推浪涌漂往下沉。鱼摄食饵时猛地往下一顿，是上下抖动。而风浪是使漂前后或左右晃动。

43. 晴雨天对鱼类摄食有哪些影响?

晴雨天钓鱼效果需要具体情况作具体分析。晴天钓鱼方便，如果气温在10～25℃时，一般水域氧气充足，鱼类活跃，食欲旺盛，生长快。夏秋季时连续晴天，则水分蒸发快，气温、水温达到25～30℃，在烈日暴晒下，水中缺氧，鱼常浮头或避入深水中，低于25℃时不食。冬日晴天，无风或微风，气温水温在4～10℃时，鲫鱼、鲤鱼、鳊鱼、草鱼等仍贪吃；除夏日中午和冬日的清晨、夜晚不宜垂钓，其他天气只要是晴天都较适宜钓鱼。

雨天钓鱼比晴天复杂，一般说阵雨前闷热天气时无风气压低，缺氧，鱼儿感到轻度窒息，如若浮头即使将饵递到鱼的嘴边也没有食欲，不咬钩，此时水底无鱼，若使用常规底钓法很难钓到鱼，这时改底钓为"离底钓"或"半水钓"可能奏效。下雨时，鱼儿很活跃。下雨后，河水上涨，鱼儿上溯，此时可在上游钓或者在原来看不中眼的通大河的小沟钓，用3米短竿在水边草际就可连连钓获。3～4天后河水退到原水位处，此时再到大河边垂钓，鱼儿食饵极勤，甚至环境不中意之处也能大获丰收。"急阵雨"后鱼儿爱咬钩，有两个原因：一是雨前的无风闷热气压低和雨后的空气清凉流动形成强烈的反差，加上水中溶解氧突然增多，鱼儿感到舒适，非常活跃，食欲顿时强烈，大量草籽、昆虫等食物冲进水下沟塘、河沟渠、湖水库等水域。引得鱼儿前来觅食，最好钓鱼的地方选在湾子，有湾子的地方就有外水注入，此时鱼爱咬钩，是垂钓好时机。夏季大雨、暴雨的雨滴冲击水面，响声大，除鲇鱼，黄颡鱼等野鱼外，一般鱼类不肯进食，垂钓者也看不清浮标，难以掌握提竿时机，故不宜垂钓。同时雷雨时垂钓者也易遭雷击，应禁止垂钓。待雨后天晴，气温适宜，气压高，水中溶氧和食料丰富，鱼类非常活跃，食欲增高，如水色不太浑浊，水流速不太快，此时是垂钓的极好时机，能有好的收获。

44. 霾雾露霜对鱼类摄食有哪些影响?

春雾而雨，冬雾即晴。雾长时间笼罩不散，造成无风、气压较低，鱼类很少活动，故不宜垂钓。但有一种称为蒸汽雾发生时，最适宜垂钓。蒸汽雾即水表温度与空气温度发生较大温差时水面不断蒸腾着雾，多见于秋冬季的早晨。清明节至秋分前后，靠近地面水蒸气饱和，气温0℃以上，遇冷凝结成小水珠为露，一般对垂钓者不受影响。霜降以后0℃以下，地面水蒸气达到饱和凝聚成白色冰晶称霜。下露或下霜，预示着全天晴暖。自晨至午，自午至晚，会出现冷——暖——冷温差变化，最适宜鱼类生活需要，鱼在底层活动频繁，是良好的垂钓时机。所以有“露满地，好钓鱼”“霜重霜，鱼满缸”之说。但霜冻气温骤降鱼类潜伏少动，不适宜垂钓，所以鱼谚说“霜打东南，趁早回转”。

45. 季节变化对鱼的食欲和摄食有哪些影响?

鱼的生活习性的改变与气候的变化，季节的更替，关系尤为密切。不同季节，不同气候，鱼的摄食出现明显的差异。鱼的食欲强弱，即在一定时间内进食的次数或数量的多寡，反映在钓鱼上亦即投钩的频率，主要取决于三个因素：一是鱼自身生理生长、发育需要，如肥育、繁殖、越冬等都要大量进食，借以获得必要的养分；二是饵料的优劣，包括饵料的构成、质量、状态、味色是否适合鱼的食性，为鱼所喜爱摄取；三是与外部自然环境，包括气候、气温、水温、气压、阳光、风向、风力、水质、水位，以及地形、水草分布、河流走向等客观条件，有着极其密切的关系，也就是说鱼的食欲强弱，常常受到外界环境的限制及其变化的影响。我国幅员辽阔，气候千差万别，如四季分明的淮河、长江流域有不少是反映钓鱼与气候、季节关系的鱼谚语，如“春钓滩、夏钓湾、秋钓阴、冬钓阳”之说。

1. 春季

春季被誉为垂钓“黄金季节”。但初春，天地还较寒冷，水温尚低，类似初冬，除鲫鱼摄食外，鲤、草等鱼还处于不食或少食状态，鲫鱼春季摄食高峰期，在同一水域内一般为15～20天，次高峰期延续20～30天。适宜垂钓的天气是晴天、多云或连续多日阴天，以晴天为佳。雨天不宜垂钓，因为此时下雨大多伴随着寒潮侵袭，气温大幅度下降，鲫鱼因畏寒而减少游动和摄食，不爱咬钩，钓难获鱼。清明后，气温逐渐缓缓上升，鱼正值产卵期前后，十分活跃，出现了一年中第1次强烈摄食高峰期，便纷纷游向岸边有草丛、石头等处水体中产卵和寻觅食物。适宜垂钓的好天气是多云或阴天。晴天上午10点以后，水表层被太阳晒得较暖和，多数鱼已浮至水面晒太阳，不食少动。寒冷的雨天鱼停止游动觅食，也不宜垂钓。谷雨后，天气已暖和，这时，鱼产卵基本完毕，纷纷向近岸游动寻觅食物，大量进食，补充产卵排精后的身体所需。适宜垂钓的天气是晴、多云和阴天，以多云和阴天最好。绵雨和狂风暴雨天不利于垂钓，但狂风暴雨后（特别是春季第一场狂风暴雨）的晴天丽日却是最好的垂钓时机。春分后，此时出现适宜垂钓的第一个黄金季节，垂钓的天气与仲春后期基本相同，所不同的是阴雨天也宜垂钓，如果是红日高照的晴天，只是上午好钓鱼，中午以后鱼就不爱咬钩了。夏季气温逐渐升高，阳光照射强烈，天然食料比春季丰富得多。

2. 夏季

初夏的水温非常适合鱼类生存的需要，鱼的食欲特别旺盛，晴、多云、阴、雨天都适宜垂钓，以多云和阴雨天最好，无论钓深钓浅，钓近钓远，都会有好收获。如果是连续多日的晴天，此时，定居性鱼类摄食相应减退，垂钓效果就差些。到了盛夏，动性鱼类正大量涌进与江河湖泊相连的附属小水体中，食欲转向旺盛期，还有喜热性的乌鳢等鱼，亦开始大量进食。适宜垂钓的天气是多云和阴天，特别是久雨后的阴天，更适宜垂钓。在盛夏的酷热天，如果突然一场短时的暴雨伴随着冷空气（风）袭来，大地瞬间变得十分凉爽，空气清新，此时鱼很爱咬钩，是垂钓的极好天气。盛夏的烈日天，水温很高，水中氧气减少，大气压降低，不利于鱼的生存，鱼因而食欲减退，潜入深处远处避暑去了，这样的天气不适宜垂钓，钓则难获鱼。夏天最不适宜垂钓的天气是：一阵十分短暂的小到中雨过后，大地仍然热气蒸腾，水温不仅未降，反而更加闷热，鱼感到窒息般难受，懒得游动摄食，垂钓很少获鱼。以上是就钓鲤鲫等鱼而言的。钓草鱼的天气则有所不同。草鱼生性喜热恶寒，在夏天的烈日下特别活跃，食欲特别旺盛，争夺饲料（草）而食。夏季的晴天是钓草鱼的最好天气和时机。阴天也宜垂钓，但效果差些。不很热的初夏，如下一天或半天大雨（非暴雨）时，天气变得凉爽，草鱼更加兴奋活跃，常在较浅水域忙碌觅食，趁雨底钓比晴天浮钓效果还好。

3. 秋季

秋季早晚气温凉爽适中，雨水减少，从陆地上流入水体中的杂物减少，加上水生植物叶茎老化，天然饵料单调，鱼对垂钓者投放的饵料异常爱吃。这是一年中垂钓的第二个黄金季节。初秋9月，早晚天气凉爽，钓鱼最佳时间为上午6~9时，9时以后水温升高，鱼儿游至阴凉处，水深1.5米左右。因此，适宜垂钓的天气主要是阴天，宜在阴凉处下钩。渔谚云“秋钓荫”，此“荫”虽非彼“阴”，但雨天，尤其雨水凉而水温比雨水的水温高，雨前水体温度上高下低有较大差异，下雨后水底水温比水面水温高的多，鱼更浮在上层水域吸氧栖息，少动少食，更不易垂钓。中秋10月，气温适宜，一天之中任何时段都可以垂钓。上午6~11时，以朝阳位置较好；11~18时到阴凉处下钩更佳。深秋11月（即寒露、霜降季节），天气逐渐寒冷，水草开始枯萎腐烂，水体中浮游生物大为减少，鱼为越冬积蓄养分，增多摄食。此时晴天多云天气，浅水区阳光照透的水温高，食料丰盛，适宜在浅滩垂钓，垂钓时间宜在上午 9 点至下午 4 点前，早了浅滩水温低，晚了水浅散热快。鱼栖息区域逐渐向深水区移动，垂钓方法宜用长竿短线，大漂重坠，便于钓草窝草边。垂钓宜在草丛中稀疏草少或两丛草中间的无草处。若鱼不咬钩需另换垂钓地点可获。温差不大的阴天，垂钓效果相对较差。深秋在下雨水温下降的天气不宜垂钓。草鱼随着气温下降到水下层，不利垂钓，如果垂钓应选择晴天，采用钓半浮或钓底层，草鱼会频频咬钩；多云天气垂钓效果相对较差。

4. 冬季

平均温度低于 10℃的期间划为冬季，在时间上说是 11 月下旬至 3 月上旬，空气密度大，气温严寒，水温下暖上冷，底层水温与日平均气温相比要偏高 4℃之多。因此，鲫鱼多在深潭底层落窝。冬半年甚至是隆冬季节钓鲫仍有好收获。但宜钓的天气要晴转阴型，即昨天为晴天，凌晨至今日施钓时为阴天或多云或者零星小雨；或是持续平稳阴天（或偶尔某日有小雨），气温变化不明显。冬钓鲫鱼为提高上钩率，要注意“冬钓出太阳，莫钓深地方”；二要寻找有避风增暖效应处打窝施钓。隆冬时节，鱼活动减少，大多栖息深潭，一部分鱼类掩入泥中休眠，如鳝、鳅；一部分鱼类活动呆滞，但晴暖天气仍然缓游摄食，甚至冰封期也不会停止摄食，不过摄食时表现得缓慢、微弱而已。

46. 水生植物对鱼类生活有哪些影响?

水生植物与鱼的生活有着密切关系，主要表现在以下几个方面。

（一）鱼靠水生植物藏身御敌防暑御寒。有了水草鱼会藏到草丛中躲起来不易被敌害发现。如小鱼藏入草丛中防止被水中大鱼吃掉；夏日气温高，阳光强烈，而有水生植物的水域，水温相对较低，鱼会躲藏在水生植物中避暑；到了冬天严寒，有水生植物的地方水温较高，鱼可在水生植物中御寒。

（二）水草植物可供给草鱼食料，水草上聚集的小昆虫和籽实可供给其他鱼类食料。

（三）水生植物使水增加溶氧量。因为水生植物在光合作用下释放出氧气，增加水中氧气的含量，是鱼及一切动物维持生命不可缺少的条件，鱼自然会吸到氧气，鱼有水生植物水域生活，作为亲鱼产卵的承接物。

（四）水生植物有助于鱼的产卵孵化。因为鱼繁殖期，雄鱼排精雌鱼产卵，往往需在水生植物茎杆摩擦刺激鱼体，从而排出精子和卵子。鱼卵受精后黏附在水生植物上孵化。如水中无水生植物，鱼受精卵会沉没水底，由于水底含氧量低会使鱼受精卵因缺氧而不能孵成小鱼。所以鱼在繁殖季节，水生植物丛中的鱼特别多，也易钓获。

（五）水生植物可以沉淀杂物和泥浆，还有吸污排毒的作用。水生植物有净化改变水质功能，使鱼在清澈舒适的水域里生活。垂钓者投饵前，应寻找有水草的垂钓水域。

水草太多太密水面全部被水草覆盖则无处投饵下钩，这样的水域并不适宜垂钓下钩，因为水草覆盖水面使水与空气接触面积变小，水的容氧量小，同时水草遮盖水面也影响到光照，在早春或深秋水温低，也会影响到鱼的活动觅食。此外，杂草密集，水中根茎交错，加之腐烂草，不仅鱼的游戈受阻，还妨碍到鱼的觅食。即使在这样的水域钓到鱼，鱼也会向草丛中逃窜，拉不上岸，钓鱼效果不会好。所以这样的水域不适宜垂钓。

第四章　常用的钓鱼技法

47. 鲫鱼有哪些生活习性?怎样钓鲫鱼?

鲫鱼又名鲋鱼，鱼类分类学上属于鱼纲，鲤科。鲫鱼肉味鲜美，是钓鱼爱好者常见的垂钓对象之一。中医认为其味甘、性温，有健脾利湿、和中开胃、活血通络、温中下合功效。鱼体侧扁，稍高，长达20余厘米，最大个体体重1.5千克。背面青褐色，腹面银灰色。口端位，无须，背鳍最后1根硬刺较强（图2）。鲫鱼适应性强。我国除青藏高原外的各

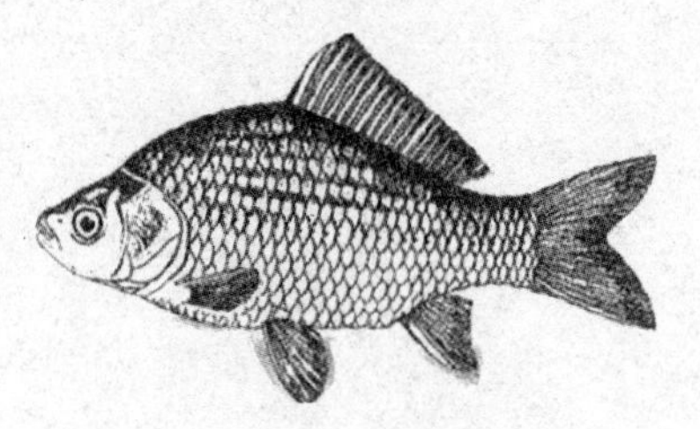

图2　鲫鱼

种淡水水体中均有鲫鱼；鲫鱼有群聚群游的生活习性，喜欢安静生活环境，生性胆小，怕惊吓。鲫鱼的食性杂，喜食水体中的各种有机碎屑、植物种子、底栖动物、水生昆虫、小

鱼虾等；繁殖期可在各种淡水水体中自然产卵孵化；抗逆性强。鲫鱼生存的水温范围广，在0~38℃，可忍耐0.5毫克/升低溶氧，可以生活在氧气较少的水底层，也可在盐度较高的咸淡水中生活。

（一）钓鲫时间

鲫鱼一年四季可钓，以每年10月15日到12月15日为最佳垂钓时间。此时鱼肥，成群游弋，活动范围广，易钓。初冬钓鲫，早上8~10点，上层水面经过1夜的寒气侵袭，水温变得比水底冷了，鲫鱼尚在水底栖息，并开始1天的觅食。这时，若在7点至7点半撒下香饵窝，8点开钓，效果最好。

（二）钓具

钓竿、钓线宜长不宜短。钓线尽可能用日本产的0.175细线；鱼钩用HHH万能袖钩3~7号，宜大不宜小。

（三）钓饵

诱鲫饵料用玉米面炒麸皮。制作方法：取玉米面50~100克，倒入滚烫的开水，用筷子将其搅拌成浆糊状。再取麸皮500克左右，用食用油将其在铁锅里炒一下，炒出香味就出锅。然后，将炒好的麸皮和浆糊状的玉米面搅拌在一起。干湿程度以手能捏在一起，投入水中即能散开为宜（太干了，抛撒容易飞散，投不到窝点；太湿了，投入水中不易散开，形不成雾化区）。最后，在拌好的诱饵中滴几滴白酒即成。这种饵料的香甜味能诱鲫鱼，玉米面入水后一化散就形成一块雾化区且不易消失，这样的窝点里用蚯蚓施钓效果最好。投鱼饵：在上午7点1次，下午2点1次。捏1个拳头大小的引饵轻轻地投放于选中位置的水底。半小时后，引饵即化散成脸盆大小1团，把鱼群吸引过来。钓饵用细小红蚯蚓，比火柴梗略细为好。用红蚯蚓要将鱼钩套没，并漏在钩尖外。

●（四）钓位●

选在塘、埝、湖、库水域垂钓。钓位要选水色黄中带绿有深沉感最好（清澈见底或水面有铁锈色污垢的不能钓），垂钓位置要选择平时有食可觅和安静背阳处（晚稻收获后选向阳面）。水深选1米之内，秋冬最重要的是看风向再选择钓点。秋末高温钓下风。由于气温偏高，水中缺氧，鱼儿多在中层活动，很少摄食。而下风处氧气相对充足，因此钓位应选在下风处。入冬以后，多西北风，不管水塘还是水库，垂钓风方向决定着鱼区，所谓“风动鱼动”“鱼随浪涌”，这时鱼的逆水性也没有了。大概鱼儿也知道水面上的浮游生物都被风儿刮到塘边了，鱼吃食就得顺风到塘那边去。这时，应找到逆风的一端塘边的弱风区，应选在向阳处水浅的地方，因其浅，水必清，阳光也强些的残败草找突凹区或水草的间隙下钩。

●（五）钓法●

浮子用白鸭毛管，半厘米长1粒，共5粒，彼此间隔1厘米，鱼钩离第1粒浮子80~90厘米。鱼钩投于引饵的圈子内。吹风日，浮子一定要沉没水中，以防风吹而走钩移位。如发现上面2粒浮子由垂直成躺平，证明鱼已上钩，但鲫鱼吞食小心谨慎，此时不可起钓，再等第3粒浮子成倾斜状即起钩。鲫鱼吃钩多数是开始把钩含在口里，再吐出来。根据这个特点，提竿要勤、动作要快，以免鱼儿吐钩跑掉。当发现鱼儿上钩之后，提竿的最佳时机是鱼把钩刚吞到嘴里，还没等吐出来时，这时提竿有效率是最高的。这个时机往往不好掌握，用右手握住竿尾，以手腕的力量用力向上抖一下，然后再慢慢提竿。抖一下鱼竿的作用是不管鱼钩在鱼口里挂没挂住，都会创造钩住鱼嘴的机会。提竿切忌用力过猛，要慢慢引竿上岸，可以避免鱼儿挣扎脱钩，起钩不能使劲上掼，也不可犹豫而松手回钓，要韧住鱼线一阵后再轻轻将鱼儿提出水面。当鱼一旦发觉被钓上钩，它也会猛烈挣扎，拼死搏斗的。如发现是大鱼，要稳住神，不要慌张，首先要从水草丛中把鱼领到明水区，用竿轻轻挑住，千万不能使鱼线松开，鱼儿经过一番挣扎，鱼嘴容易被鱼钩钩成一个长口，如稍松开鱼线，鱼钩就会从长口处脱出使鱼跑掉。

48. 鲤鱼有哪些生活习性?怎样钓鲤鱼?

鲤鱼俗称鲤拐子，赤鲤等，其之所以叫鲤，据《本草纲目》记载是因为其鳞片呈十字纹理，故而谓“鲤”。鲤鱼在鱼类分类学上属鱼纲，鲤形目、鲤科，它不仅以味道鲜美，营养价值高而著称，而且还是多方位的药用鱼类。鲤鱼性味功效。肉：甘、平，下水气。胆：苦、寒，清热、消炎、明目，赤肿青盲，滴耳治聋等，也是钓淡水鱼类主要的猎获对象。鲤鱼原产我国，几乎在全国池塘、水库、稻田、江河湖溪底层及水草丛生处水域都有鲤鱼的分布。鱼体稍侧扁，长达 1 米左右，体呈青黄色，尾鳍下叶红色，口下位，有须 2 对，背鳍、臀鳍均具有硬刺，最后1枚刺后缘具锯齿（图3）。我国的鲤鱼品种繁多，其中有江鲤（野鲤），一般钓到的多是这种鱼。此外，还有兴国红鲤、婺源红鲤、镜鲤、禾花鲤，这几种属饲养品种，特别馋嘴好钓，在江河、湖泊、水库等容易钓到。而开阔水面的浅水区或是水质清新，底面为为纱砾的水域，它不爱游去。水深超过10米，阳光难以透射，水温过低，底栖生物绝迹的水域觅食不易，它也不去。鲤鱼系恋群鱼组，几十尾甚至上百尾一起游动追逐嬉戏。鲤鱼比较敏感，游动觅食极为审慎，鲤鱼是一种杂食性鱼类，幼鱼期主要摄食浮游生物。到幼鱼期以后，许多底栖动物如螺丝、蚌以及昆虫的幼虫等都是它的美味，见到鱼饵不轻易吞食，常用尾鳍拍打绕来绕去，见无异常，始慢慢咬钩。不对口的鱼饵，马上松口溜掉；只有喜食的饵料才吞咬不放。鲤鱼喜食的鱼饵多为活饵。如地蚕（体为白色，长约3厘米，头呈酱色，生长在农田里的一种害虫）、油葫芦（近似蛐蛐，而又不同于蛐蛐，身体油黑发亮）、蚯蚓、蚂蚱、粪蛆，蜂蛹以及面食。当然它的食谱上也少不了水草及藻类。鲤鱼不太挑食，适应性很强，食谱可以随生活的环境不同而有所变异。

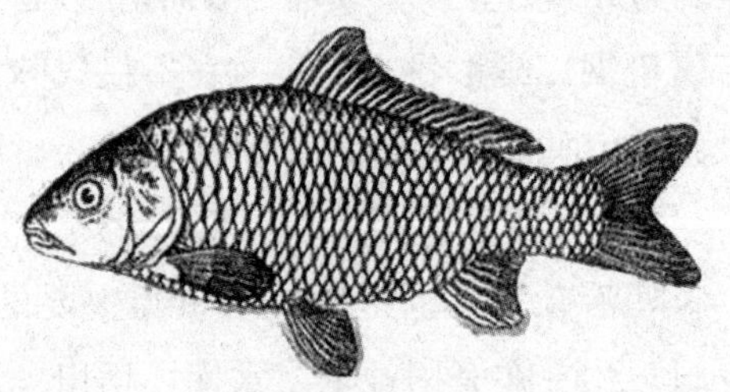

图3　鲤鱼

（一）钓鲤时间

春季生殖后比较活跃，大量摄食，转入育肥区；到冬季，它的行动就比较迟钝、缓慢了，游到深水底层准备越冬。鲤鱼的生殖季节由于其生长地区的不同而稍有差异，但一般都在春末夏初。当地气候越温暖，产卵季节越早，反之越晚。在北京地区，鲤鱼的产卵季节在4~5月。鲤鱼在各种水体都可产卵，静水、流水都行，但对水温有一定要求，产卵时水温不能低于17℃。一年可产卵2~3次，卵带黄色，常粘在水草上。一条成熟的雌鲤鱼一年可产卵20万~30万粒。其生殖后，大量摄取食物，往往用嘴在水底翻泥打洞，常在水面泛起水泡、河泥和杂物。冬季游动迟缓，到深水底层越冬。尤其在我国北方寒冷地区封冻时期更是如此。入春后转趋活跃。依鲤生活习性垂钓方法如下：

（二）钓具

钓钩、钓线的型号应分别比钓鲫鱼的钩、线型号大一些。

（三）钓饵

垂钓中诱饵撒窝至关重要。钓鲤鱼诱饵的配方很多，如用饼块诱饵，即将榨过油的饼粉碎成小颗粒，加曲酒少量拌和即可用作诱饵。由于鲤鱼个体重量大于鲫鱼，食量也大，所以诱饵的投放量应比鲫鱼诱饵量多1倍以上。钓鲤鱼的钓饵用红蚯蚓碎块加水面粉拌和成团，或用新鲜鸡鸭血加到豆粉、面粉中再加一些糖蒜汁揉拌成团制成血面饵，也可用红薯蒸熟捣成泥，加以少量香料。实践证明，使用上述鲤鱼钓饵效果非常好。

●（四）钓位●

在湖泊、水库等静水中，鲤鱼常靠近有生活废水流入的壕沟前游弋。水色暗褐，水深2～3米，透明度较低的废水区是它爱栖息的场所。在江河流水中，如果雨季泛洪，鲤鱼则爱迎浑水上溯。此时，较大个体的鲤鱼三五成群，常靠近河床的主流顶水而上。因此，在湖与河、湖与湖、河与河之间的连通港道就会出现专钓鲤鱼的旺季。如果上下游水面很开阔，水深不过1米，河底多卵石，而某河段处水较深（2米左右），底部多沉积泥沙，两岸绿树遮荫。在枯水季节，这种典型河段往往是鲤鱼归聚之所。跨河桥梁的下游，水面开阔，水底无乱石，水流不翻卷，水深适度（2至3米），一泓碧水微风吹起片片涟漪，鲤鱼也爱来此归聚。塘边，本着“宽钓窄、窄钓宽，不宽不窄钓中间”，选择了鱼塘下游大坝的凸处作为钓点，在定位投钓前，多选几点，投钓前探测水位，一般冬季鱼儿多在温度较高的深水区聚集，冬季在天气晴朗，气温较高时，12时以后，距岸边较近的水温高了，也可选位垂钓。如恰巧探测到鱼窝，垂钓就会大大丰收，投钩后如长时间不见鱼儿吞饵，就应果断易位，不能死守。

●（五）钓法●

根据鲤鱼拱泥翻出水泡（鱼星）的特点判断鲤鱼所在位置，在窝子里撒些饵料粒做诱饵，以引来鱼群，提高上钩率。钓饵是多头蠕动的团蛋型蚯蚓，很容易先将比较活跃的小杂鱼、小鲤鱼诱来吸食，造成闹钩。此时要冷静判断，就是浮漂下沉较多，变化较大，也不要轻易提竿，鲤鱼本来吞食就慢而轻，冬季更是如此，干扰鱼儿吞食，丧失上钩时机，浪费时间，严重影响钓获成绩。

49. 青鱼有哪些生活习性?怎样钓青鱼?

青鱼又称黑鲩，俗称青鲲，乌鲭，螺蛳青。鱼类分类学属于鱼纲，鲤科。肉质好，营养丰富，个体大的长达1米多，重达50千克以上，体青黑色，头宽而平扁，偶鳍均为青灰色或黑色（图4）。青鱼主要栖息于我国长江以南平原地区淡水水域，青鱼常集聚于江河湖泊水体的中下层，一般不游至水面，其食性比较单纯，以螺蚌蚬等软体动物为主要食物。人工池塘养殖中的幼鱼食性杂，喜吃粮食饲料。当鱼体长至15厘米时，2龄后特别体重达1千克时能磨坚硬甲壳后吐壳吞肉。也食水中昆虫和虾，人工饲养也吃素饵，冬季吃食弱。咽齿压碎功能增强，食性转变为食软体水生动物。春夏秋季摄食猛烈且食量大，并能在气压较低情况下咬钩吞饵。4～5冬龄性成熟，春末夏初在江河流速较高的场所产卵繁殖。根据青鱼的生活习性，施钓方法介绍如下。

图4　青鱼

●（一）钓具●

青鱼个头大窜劲大，钓青鱼多用传统钓具即硬质长竿配粗线大钩的钓具。竿长一般用6.3米以上的长竿，钓线以4号线或线径0.55毫米，拉力7千克以上的为宜。

●（二）饵料●

鱼塘内用龙虾肉、蚌肉、螺肉、肉皮等荤饵垂钓，也有人钓青鱼用素饵（玉米粉、黄豆粉、小麦粉，加奶油香精或者加丁香药酒等拌成）。

●（三）钓位●

在自然水域江河、湖泊、水库中青鱼较多。在自然水域钓青鱼，可选在流水较缓和曲岸的外沿下钩。在池塘和小型湖泊等养殖青鱼水域，则以选深为宜。

●（四）钓法●

青鱼咬钩时，漂的反应是先稳而滞，漂的起伏不大，比较平稳，接着将漂缓慢的拖入水中，一般不会出现猛然横窜现象。因青鱼个头大，挣扎力强，此时不能用普通方法收竿，否则会脱钩跑鱼，唯有见鱼平稳而悠然向外游去，人变换站位或人随鱼沿岸而走或改变牵引方向，借力使竿侧向弯弓后与之周旋比较稳妥。

在冬季或气压较低时，青鱼咬钩常表现为漂略微下沉不见再有讯号，扬竿时感觉不到鱼上钩后的抖动，好像钩挂水下障碍物一样，形成僵持。数分钟后始见钓线缓缓向外移动。此时鱼钩已刺入鱼唇，只要循着鱼游动的方向牵引，使竿的弯度保持在抛物线状态是不会跑鱼的。

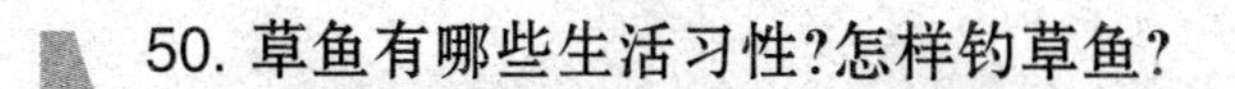

50. 草鱼有哪些生活习性?怎样钓草鱼?

草鱼又称鲩鲆，草鲲。鱼类分类学上属于鱼纲、鲤科、草鱼属。草鱼肉味美，营养丰富，中医认为草鱼味甘性温，有平肝祛风，除痹截虐功效，为我国主要淡水养殖鱼类之一。草鱼体侧扁梳状。体色棕黄，每一鳞片里有黑色边缘，各鳍灰色（图5)。草鱼分布于我国各大水系，栖息于水的中下层和水草丰盛、透明度较大的微碱性水域中。因草鱼的耐氧力比鲢鱼、鳙鱼强，可在水底生活，它以喜食水草而得名。体重可达35千克以上，是典型草食性鱼类，尤喜食禾本科植物，常集群觅食。仔鱼和幼鱼主食动物性饲料，随着下咽齿的发育和肠管加长而改变了食性。在池塘饲养其食性向商品饵料转移。有时也兼食昆虫、蚯蚓等动物性饵料。食量大，消化能力强，生长速度快，个体大，1年可长2~2.5千克，冬片饲养2年可长至4~5千克。4~5龄达到性成熟。春末夏初在江河上游产卵。性情活泼，游泳迅速。钓草鱼除用传统手竿底钓讲究色和味，除单钩底钓外，夏季主要用多钩悬钓法和浮钓法。多用手竿配浮力较大的漂。浮钩钓法：浮钩钓草鱼是一种行之有效的钓法。但钓具的使用和浮钩钓草鱼的钓法要恰当，否则也不能达到钓草鱼的目的。浮钩钓草鱼方法介绍如下。

（一）钓具

钩竿应选择5.4米以上的长竿。鱼线需用钓竿能承受的鱼线，线径0.2~0.3毫米。钓钩应选用钩门宽、钓底深的朝

图5　草鱼

天钩。钓钩可用单钩或用双钩。一般系钩在3只左右，多钩悬钓草鱼，用单钩，也可用双钩。可由水底斜着向上，使钩成阶梯状悬于水体中下层，常与抛竿相配。使用手竿的多钩为垂直状态。

（二）钓饵

将菜叶揉碎取其汁，拌入面粉中揉成团或将养鱼场的颗粒饲料浸湿捣碎，加些面粉，玉米粉，用水揉和成团。也可用青虫、蚯蚓等挂作诱饵。悬钓用草叶、菜叶、嫩芦苇芯等挂钩，常以面团为饵（用青菜叶汁水拌和面粉，反复揉捏成团后搓成直径1毫米的圆球挂钩），也可采用蚱蜢、蟋蟀等昆虫饵料等。钓饵应根据水域、季节调整。

钓者根据草鱼的食性和不耐低氧，喜弱光的习性来选找钓点，再综合考虑水情、温度、风向等自然条件选择草鱼活动密度较高的地方为钓点。在人工养殖的池塘中，首先选择草鱼料喂鱼的鱼台；其次选择江河岸边的树荫下长满藤蔓植物的田埂边。草鱼习惯在风口的浪涛中游弋，晚春钓鲩也十分重要。依照当日施钓时的风向，一般说，最好的风向是西南风和西风；南风、东南风次之；最差的是东风、东北风和北风。选择下风处。天气，以晴朗的天气为最好。或顺风让鱼台在水面上漂移以吸引鱼的注意，使钩悬于水的表层，其深度为20～30厘米，为增大目标可不断牵动鱼线。

(三) 钓法

施钓时钓饵尽量地远抛钓点，然后轻轻将钓饵拖至钓点处，可以避免惊扰鱼群。浮钓草鱼时，挂在钩上的草饵一定要短，草饵长不能超过3厘米，否则会出现黑标，也难中鱼。草鱼唇厚硬，扬竿力度稍大为佳，这样可以避免跑鱼。采用手竿底钓，与钓鲤鱼方法基本相同，可手竿线钓，也可长竿短线钓。垂钓前投撒诱饵打窝、草窝、饼块窝、糟饵窝均可，也可混合使用。将钓饵装钩后投入钓点，饵钩下沉水中，浮漂处于直立状态。草鱼贪食，被诱饵引来，草鱼看到钓饵后，便张口吞饵，再被拖入水中，待咬钩后，浮漂先上下抖动，接着再稳稳下沉，此时应及时猛提手竿，使鱼钩刺入鱼体，草鱼便不会脱钩而逃了。

(四) 钓位

草鱼生活于江河流水处的洄水湾、浅滩。涨水时被水淹没的草丛处草饵食丰富，此处是草鱼的好钓点。草鱼产卵时节往往群集产卵场，可以草鱼产卵场附近作为钓点最佳。

51. 鲢鱼有哪些生活习性?怎样钓鲢鱼?

鲢鱼有白链、花鲢之分，白鲢又称鲢子，腹棱完全（图6）；花鲢又称鳙鱼，俗称大头鱼、胖头鱼等，腹棱不完全（图7）。鱼类分类学上属于鱼纲、鲤科，由于鲢鱼有肉质较嫩、生长快、个体大（可达30～35千克）等特点，分布于全国各大水系，平时栖息于干流及附属水体的上层觅食。鲢鱼是淡水养殖的主要鱼种。鲢鱼喜食天然饵料是浮游生物，浮游生物是浮游动物和浮游植物的总称。白鲢以浮游植物如硅藻、绿藻等藻类植物为食；也可以甲壳类的红虫、水蚤等为食。其种类在淡水水域中，首先生长的是浮游植物。这样以它为食物的浮游动物才会生长。在垂钓目标的淡水成鱼中，以浮游生物作为天然饵料的主要是鲢鱼。浮游植物多的地方，也肯定会聚集着大量以它为食的浮游动物，但数量远不如浮游植物多。因此，钓鲢鱼的鱼饵往往以植物性材料为主制成。白鲢性情活泼、暴躁，喜欢跳出水面，花鲢性情比鲢鱼温和多了，不喜欢跳跃，行动迟缓，很容易捕捞。钓鲢鱼方法如下。

图6　鲢鱼

（一）钓具

钓鲢鱼用钓鲫鱼的手竿，要求结实，有弹性，不易折断。钓线使用两段。前段用八磅左右的优质尼龙线（1.5～2米）；后半段用较粗的锦纶尼龙线。钓钩只要用中型钩。最好使用中小型号的“海竿”（轮竿），3米左右的海竿，配直径0.4

图7　鳙鱼

至0.45毫米的钓线、50克左右的通心活坠和相当于无锡绿波厂生产的15号钩即可。这种海竿钓线易于收、放。

(二) 饵料

钓鲢鱼饵料可分为诱饵和钓饵两种。诱饵是豆饼、菜籽饼(粉),先撒在垂钓水域,过1~8天,每天早、中、晚去观察“水情”,如有“水珠”从水底下冒出来则是鲢鱼进窝,便可垂钓。如人工养鱼池场则随钓随撒窝。做钓饵时,将菜籽饼过细筛,用米饭或熟面拌和即可。其大小视鱼儿大小而定,一般只需小拇指般大小。饵料要放在钩上。近年来各地已有一些钓鲢鱼的新方法。例如采用“酸”“臭”的发酵食物作钓饵,有的在玉米面中掺面肥使之发酵变酸;有的还使用江米酒使饵料成甜酸。酸味的大小,要根据水温、喂养习惯等来调整。为了使饵料有臭味,还要准备一些带臭味的配料,可在一个能盖严的容器中,装入几块臭腐乳和两个臭鸡蛋,捣碎拌匀。用时在酸饵中掺入很少一点臭味配料,再加一些白糖,使之成为甜酸臭的钓饵。也可以将臭味配料包在饵料团的当中,使之外酸内臭,让臭味慢慢外溢,只要酸臭料配制得当就可以钓到鲢鱼。钓花鲢饵料还可以将钓鱼用剩的混合面装入塑料口袋，置阳光下晒。一周后，混合面发酵变稀，略带酸味。这时，如果出钓，蒸上一锅混合面。蒸好后把发酵变稀、变酸的混合面掺进去，反复揉搓成一体后，即可使用。这种方法简单易行，而且效果也不错。钓鲢鱼饵料要酸要臭但又要适度，酸食在制作和使用过程之中，要防止和异味接触。

（三）钓法

根据鲢鱼为上层鱼类，钓鲢鱼最适用悬钓法，将钓具悬于水的上层，以距水面 60～80 厘米为宜。在使用酸食垂钓时，要尽量使投点集中。因为这样钓上一段时间后，这一水域的水就会变酸，对鳙鱼产生极强的诱惑力。在使用抛竿时，可配挂大漂，使装有饵团的钓具固定于某一水层。使用手竿时，可采用插竿形式，即同时使用轻质和具有较大浮力材料如泡沫塑料或轻木材质制成的数支钓竿，不挂漂，使竿的后跟固定在岸边或插入岸边泥土中。垂钓者应远离岸边隐藏在水岸边树丛或草丛中观察鱼竿的动静。鲢鱼误吞鱼钩后会拉动钓竿不断地弯向水面。此时握住钓竿把略向上扬竿即可，使针尖整体刺入鱼唇。鲢鱼的遁窜力差，常在原地或上或下地翻腾，但切勿因此而将它提上岸来，因为鱼嘴会被豁开跑鱼，常用抄网兜住捕获较稳妥。

52. 鳊鱼有哪些生活习性？怎样钓鳊鱼？

鳊鱼亦称长春鳊、北京鳊，俗称扁鱼，为淡水小型鱼类。鱼类分类学上属于鱼纲、鲤科。肉味鲜美，为重要淡水经济鱼类之一。鳊鱼体长30余厘米，体重可达2千克，体银灰色，形态与鲂鱼相似，体型长，侧扁而高，略呈菱形，无纵纹，头小、口端正，略呈平弧形，上颌稍长于下颌，腹部自胸鳍基下至肛门前有腹棱，背鳍具硬刺，臀鳍延长，尾鳍两叶约等长（图8）。鳊鱼栖息在我国南北各地江河湖库中的中下层，喜生活在水层比较洁净含氧量高，底层有泥沙，河床上有大岩石的流水中，幼体多栖居于水流较浅的湖沙或水流缓慢的河湾内。鳊鱼为草食性鱼类，幼鱼以浮游动物和藻类为主食；成鱼的食物种类有淡水海绵、丝状藻类、轮叶黑藻、马来眼子菜、苦草、金鱼藻、小茨藻、硅藻等，有时也食水性昆虫。冬季在较深水中越冬。鳊鱼2～3龄性成熟，繁殖期为5月上旬至6月下旬，在流水中分批产卵，怀卵量2.8～15万粒。钓鳊鱼根据某生活习性用以下垂钓方法。

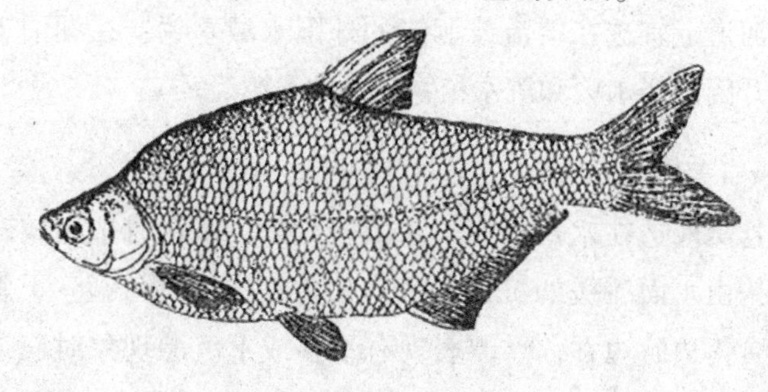

图8　鳊鱼

（一）钓具

鳊鱼嘴小且脆薄，容易拉豁。因此应选用中软调手竿；钓线用线径为0.12～2毫米的强力线；鱼钩用4～5号钩，有的采用一线双钩，鳊鱼上钩率可提高50%，浮漂宜用小散漂，或小型风漂，用散漂不用坠，风漂则用小坠达到漂能立于水中即可。

●（二）钓饵●

鳊鱼贪食，食性杂，喜腥香诱饵，如用麦麸粉500克，面粉50克，玉米粉200克，再加少量曲酒调拌，此饵也可用作炸弹钩的糟食。钓饵用红蚯蚓或用细玉米粒直接挂钩。一线双钩还可采用一荤饵一素饵挂钩，两只钩都是朝天的，通常底钩上挂面食上钩挂红蚯蚓。面300克先蒸成窝头，再用手掰碎，麦麸100克炒香后挤入玉米面中，使用时再加少许曲酒揉成黏性的面饵，挂钩时饵团黄豆大即可。

●（三）钓位●

养殖池塘钓鳊鱼一般水面有植物的水区皆宜作为钓点，但在河道上宜选在缓流或洄流的外围水域垂钓；在湖泊上宜选在开阔的畅水区和沉水植物生长的浅湾。

●（四）钓法●

打窝应选在水草稀少，水域较深处。垂钓时选用较轻的坠使钩由水面缓缓的沉入水底。鳊鱼咬钩较鲫鱼猛，干脆利落，含饵边游边吞，浮漂表现有平移或下沉漂现象时应适时起竿即可钓获，鳊鱼上钩后没有草鱼、鲤鱼那么大的窜劲，采用一线双钩钓法，如发现鱼儿迟迟不来咬钩，应每隔1~3分钟，将鱼线大幅度提上来，再缓缓地放下去，反复进行。会引鱼来咬钩。

53. 鲂鱼有哪些生活习性?怎样钓鲂鱼?

鲂鱼又称三角鲂、团头鲂（即武昌鱼），与鳊鱼体型相似，体态略有不同。在鱼类分类学上同属于鱼纲、鲤科。肉质细嫩，味道鲜美，我国主要养殖鱼类之一。鲂鱼常见长达50余厘米，大的体重1~1.5千克。体形似鳊鱼，体态略有不同。体侧扁而高，呈菱形，腹部自腹鳍基下方至肛门前有不完全腹棱。体侧银灰色，有灰黑色纵纹。尾鳍下叶略长（图9）。鲂鱼为中下层鱼类，广泛分布于江河湖水库池塘中，喜

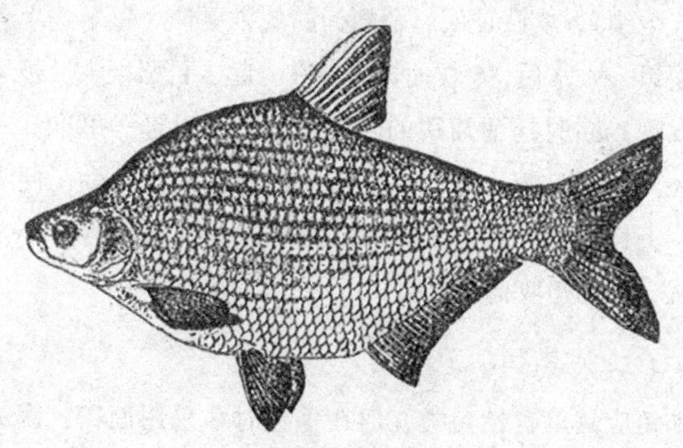

图9 团头鲂

生活于底质为淤泥或石砾并有沉水植物和淡水壳菜的敞水区。个体小时集群，大时常分散活动，冬季结群于深水的岩石缝中越冬。为杂食性鱼类。幼鱼主要食浮游动物、淡水壳菜、昆虫和软体动物幼体及少量水生植物；成鱼草食性主要食水生植物，如轮叶黑藻、菹草、苦草、聚草、高等植物种子，其次为软体动物以及湖底植物碎屑、淡水海绵、丝状绿藻、

马来眼子菜等，个别也摄食水生昆虫、螺蚬类、虾和小鱼。产卵期停食。3～4龄性成熟，产卵期为4月中旬至6月底，在水底为淤泥且有茂密的沉水植物处产卵，产卵量19万～40万粒，卵灰白或淡黄色，黏性，卵径1.0～1.4毫米。鲂鱼的钓法如下。

●（一）钓具●

鲂鱼与鳊鱼一样，嘴小且脆薄，容易拉豁，因此选用中软调手竿，钓线可用线径为0.12～2毫米粗细强力线。鱼钩选用4～6号钩。钓钩的拴法采取串钩或葡萄钩（组钩一般每组有6个钩），实践证明，葡萄钩的效果更佳。每个钩上各挂一个面饵，入水后，6粒面饵集中在一起，目标很大，极容易被鱼发现。同时挂葡萄钩的脑线短，便于甩远、甩准。一线双钩还可采用一荤一素的办法：通常底钩上挂面食，便于钓大鱼；上钩挂红蚯蚓，钓鲂鱼脱钩率极低。又可避免小杂鱼的干扰，增加鱼咬钩的机会。

●（二）钓饵●

鲂鱼应是草食性鱼类，但在垂钓时多采用面饵，因为面饵的材料来源广泛，制作简单，效果也不错。其制作方法是：取玉米面、面粉各半，加水和匀上锅蒸25分钟，然后趁热与切碎的香菜、韭菜搅拌在一起，再加少许白酒即可。如防风干也可加些蜂蜜。上钩的面饵不宜过大。因为鲂鱼的嘴小，饵大了吞不进去，很容易造成竿尖颤动频繁。总之钓饵大小应与鱼嘴的大小相适应，一般在18毫米即可。也可用豆饼、麸皮、米糠、糟食甚至各种草类或蚂蚱、蚯蚓、虾等荤饵，上钩率也较高。

●（三）钓位●

垂钓时从十几米的深水处到不足1米的浅水处都有鲂鱼，从效果看钓浮比钓底好。垂钓中有两件事要注意：一是一天之中的早、午、晚，鲂鱼不在同一水层，早晚处于深水层，中午前后上浮到浅水层。所以一天中应两次调整水线以提高上鱼率。二是鲂鱼不属于底层鱼类，在河道上钓点应选在缓流或洄流的外围水域；湖库钓点选在水面开阔的畅水区和沉水植物生长的浅湾，养殖池塘可在任何钓点垂钓均可钓到。在低水位的时节，鲂鱼群居在下游深水区，在水中组成立体方阵。

●（四）钓法●

诱饵投入水中时它们蜂拥而上，用手竿或海竿选用较轻的坠，使钩由水面缓缓地沉入水底，鲂鱼发现食饵就抢起食来，当发现鱼漂到时还不直立、海竿稍点头后即可立即起竿，出水后的鲂鱼挣扎不大，但也不可掉以轻心。鲂鱼的唇很嫩，容易脱钩，应尽量用抄网可十拿九稳。经常钓到的成鱼体重在500~1 000克不等。

54. 鲇鱼有哪些生活习性?怎样钓鲇鱼?

鲶鱼亦称鲇鱼，在鱼类分类学上属于鱼纲、鲤形目、鲶科，其鱼肉鲜嫩，无散刺，营养丰富，为优良食用鱼。鲇鱼体长大的可达1米以上，口宽大，有须2对，眼小，体前部平扁，后部侧扁，灰黑色，有不规则暗色斑块，无鳞，皮肤富黏液腺，背鳍1个很小，胸鳍具1硬刺，臀鳍长与尾鳍相连，尾鳍很小（图10）。4～6月产卵，鲇鱼在我国水系分布极广，栖息于江、河、湖、塘和水库。喜聚流水的水域中下层。鲇鱼属肉食凶性鱼类，喜在浑浊水中觅食，下水道口、涵洞泄水口是鲶最为活跃的场所，主要猎取蚯蚓、鱼虾、青蛙、水生昆虫、螺蚌肉等为食。鲶的捕食办法亦不同于其他鱼类，常采用“打埋伏”，潜伏在近底水草丛生地带或光滑泥面，等候过往食物接近伏击圈时，便迅速向前扑去张开大嘴，将一股水连同食物很快吸入口内。鲇鱼捕食时水面常冒出长条形鱼星泡，并有浊水上升。鲇鱼视力退化，眼睛小而畏光，猎取食物主要靠听觉和触须的触觉。鲇鱼钓法如下。

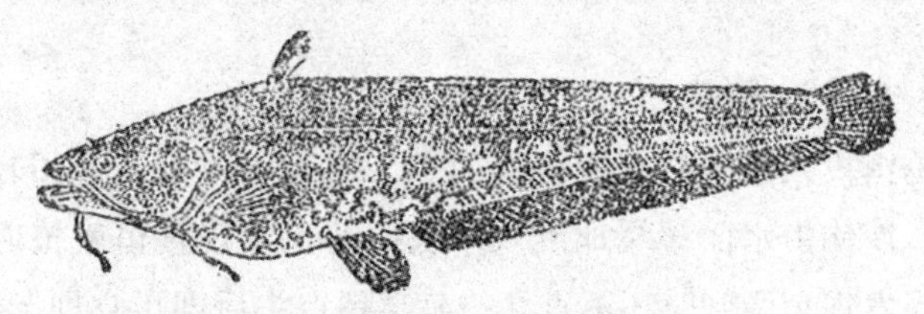

图10　鲇鱼

（一）钓鲶时间

每年春秋两季为垂钓的黄金时节。鲇鱼夜晚比白天活跃，夜间食欲也旺于白天。鲇鱼在1天之中咬钩最频繁的时间是黄昏、清晨和子夜，因为夜晚光弱又安静，所以此时也是钓鲇鱼的好时机。

（二）钓具

用竹制、玻璃钢制手竿，钓竿宜硬，钓线宜粗，取长度在5～10米的竿线或超过竿长50厘米左右线径0.3～0.8毫米的抗拉力尼龙线为主线，选用 9～14 号长柄钩，最宜选用胡弓形和新袖形的长柄钩，以适宜于挂粗大蚯蚓、小青蛙、鸡肠一类动物性饵料。可自制竿架，垂钓时用漂、钩、坠配置以通芯活坠为好，不用也都可以上鱼。

（三）钓饵

春季夏初钓饵用红、黑、绿蚯蚓或刚变态退尾的小青蛙。夏季和秋季鲇鱼产卵后钓饵宜用活的青虫或小鱼挂在鱼钩。

（四）钓位

春季鲇鱼产卵前常栖息和群聚在陡坡岸边深水区或坝堤、桥墩、树根及乱石堆处，以及有洞的坝基，有水草的洄流湾，水较浑浊、水底为烂泥底处觅食，这些场所垂钓鲇鱼的好钓点。若雨季水位猛涨，水流湍急时，水面窄而有湾汊的内侧流速缓慢处是最好的钓点。

（五）钓法

用手竿垂钓时将钩饵投到钓点，调好浮漂后向钓点撒些浸湿糠麸为窝吸引鲇鱼来挣食。鲇鱼咬钩吞饵使浮漂上下幅度地平行移动不要急于提竿，鲇鱼上钩后往往将尾卷缩产生很大阻力。注意浮漂大幅度地平行移动或下沉黑漂及时用力提竿。鲇鱼夜钓，太阳落山，黄昏时便可择地下钩，既不可用手竿也不可用抛竿长线多钩的钓法。用长竿也可用手轮车，用活动重坠，不用浮标，全凭手感。抛竿系串钩，应尽可能让竿贴近水面，使阶梯式悬垂的串钩一个个接近或擦底，以适应鲇鱼觅食的习性。夜间用长线多钩是在一条主线上按 30～40 厘米间距拴上一支线钩，每只钩都挂上小鱼作钓饵，挂饵后将主线端绑在岸边或水边小木桩上，另一端拴一石块或砖送至水中钓点，成一条悬挂多副钩的主线，一般每隔30~40分钟巡察钓线是否绷紧或移位。夜间会有鱼上钩，用此法钓鲇鱼或其他鱼都很有效果。如咬钩提了空竿，小鱼腰尾有被咬痕迹，则应尽快另换一条小活鱼，从背鳍稍后部位挂钩重新投入钓点，仍然在此逡巡的鲇鱼会上钩。

55. 黑鱼有哪些生活习性?怎样钓黑鱼?

黑鱼，学名乌鳢。又叫乌鱼。在鱼类分类学上属于鱼纲、鳢科。黑鱼肉嫩细刺少，味道鲜美，营养丰富，食用药用俱优，为筵席颇受欢迎之佳肴。后部侧扁，尖头，稍扁，口大，口裂斜伸至眼后，全身呈灰黑色，背部与头背较暗，肤色较淡。体侧有许多不规则形的黑色斑条。我国传统医学认为黑鱼味甘、性温，入肺、脾、肾三经，有补脾益气，利水消肿的独特功效。鳢科，体形圆长，体长50厘米以上，青褐色，背鳍延长腹鳍小（图11）。黑鱼有花白斑者叫花鳢，性稍温顺胆小；有黑斑者叫黑鳢，性凶。黑鱼喜欢生活在淡水底层，对缺氧的水体耐受性更强，属凶猛性肉食鱼类。乌鳢有辅助呼吸器官，对水质、水温等外界环境的适应性强，常潜伏在水草丛中伺机袭捕猎物，塘堰、湖泊、水库和河川内常以迅速猛冲的姿势突然袭击。幼鱼以桡足类和枝角类、蚯蚓、水生昆虫、小鱼虾等为食，鱼体生长到8厘米以上大量捕食小鱼和青蛙。成熟大鱼（亲鱼）雄雌鱼在水中追逐发情，同时在水草丛中做窝筑巢。入冬后，雄雌鳢于春末夏初交配、产卵，产卵在5~8月，以6月中旬最盛。孵卵期双双护巢。雌鳢产卵于草丛内，或咬断草梗将卵巢覆盖，水边便留下了特别的痕迹，雄雌鳢双双潜伏卵巢附近，不露声息，严阵以待，防止敌害侵犯幼鱼时，才出于自卫，悍然出击。直到小鱼长到约8厘米时让小鱼自由游弋，但亲鱼仍不离仔鱼，如见水草中有一片黑色是小鱼聚集的地方，钓鱼者称为“黑窝”，可以判定附近有大黑鱼守护宜选作钓点。黑鱼的钓法如下：

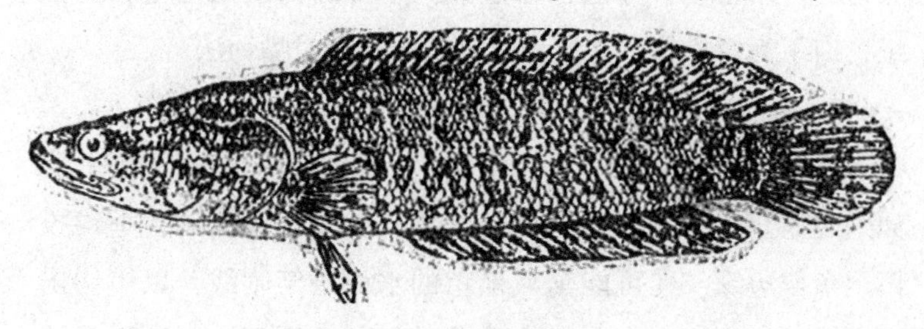

图11　黑（乌）鱼

●（一）钓黑鱼时间●

每年从5月到7月都是黑鱼繁殖期，而每次产卵后又是食欲旺盛阶段。所以，整个繁殖期间都是钓黑鱼的最佳时间。

●（二）钓具●

钓黑鱼需选用结实的竿、粗线和大钩。竿长5~6米为宜，钓线径0.35~0.5毫米，钓钩要选大号如无锡铁锚牌长柄钩鹤嘴形112号、113号钩或环行412号、413号钩。

●（三）钓饵●

鱼饵小泥鳅最佳。一定要活的。穿钩部位尾部背部均可，应保证小泥鳅不死为宜或用鲜活小青蛙作饵，可将钩扎入蛙的小腿或用细线将蛙足绑在钩柄上。

●（四）钓位●

黑鱼为底层鱼类，选择长有水草的静水浅滩投饵探钓。

●（五）钓法●

乌鳢的钓法与钓鲶相似，在适宜黑鱼生活的水域垂钓。黑鱼的钓法很多，方法也很别致。平常的钓法是用粗壮的活蚯、肉丁为饵投钩。这里介绍垂钓钓法和对嘴钓法。

1. 垂钓钓法

有黑鱼守护的幼鱼群，常浮上水面吸氧，沿水面望去犹如闪闪繁星，极易发现。此时，用长钓竿、歪嘴钩，垂钩投饵至鱼群边缘，在可能窝藏黑鱼的水面扬竿垂线，以饵钩击水声诱黑鱼吃钩。大鱼以为敌袭其仔鱼追而不舍。这样垂钓黑鱼摄食，先咬而后吞，吞时水面泛起气泡。所以，当黑鱼突然捕饵咬钩时，应落竿送钩，待出现气泡以后，立即起竿提钩即可得鱼。

2. 对嘴钓法

对嘴钓法就是送饵到鱼嘴，直观鱼儿咬饵吞钩的钓法。寻找浮水黑鱼，一般是顺阳光较易发现。若水面多禾障，则必须从岸边探钓场逐段逐块地仔细观察。必要时可故意惊扰它。黑鱼受惊后必潜水，乘机记准其位置下钩。此时，钓饵宜轻轻在其尾端落下，作上下移动，使饵钩自上而下地稳落在鱼头前方。黑鱼见饵追钩而入，接着会泛起一连串大小不等的气泡表明鱼在吞钩。咬钩后提竿不能太快，宜将竿梢频频抖动数次，待气泡渐小近终饵钩送至咽喉时，立即扬竿起钩即可。

乌鳢属上层水域生活的鱼类（指春夏季），对岸上发出的声音、光线十分敏感，不论用何种钓法，垂钓者钓时不宜穿戴反光强的衣帽，脚步亦要放轻，巧妙地利用地形地物隐蔽自己，悄悄地从尾部举竿接近目标以防其突然受惊逃跑或沉底。

56. 鲮鱼有哪些生活习性?怎样钓鲮鱼?

鲮鱼又名土鲮鱼、雪鲮，在鱼类分类学上属于鱼纲、鲤科。其肉味鲜美，营养丰富，生长迅速，鲮鱼大小与鲫鱼相近，成鱼体长达30厘米，体重一般在10～25千克。鲮鱼侧扁略呈菱形，口小下位，具有短须2对，体色银灰色，胸鳍上方数鳞具暗斑，腹鳍橙红（图12）。鲮鱼属亚热带常见淡水小型鱼类，广泛分布于华南地区的水库、河溪，曾是珠江三角洲淡水养殖的对象。生活习性也与鲫鱼相似，有较强的集群性，通常是大小相似的个体集为一群，喜欢流水、活水，春季常常群集于浅滩晒阳嬉戏，鲮鱼是素荤兼食以植物为主的中下层杂食性鱼类，食谱很宽，蚯蚓、河虾、面团（粉）、饭粒等均可做饵。

●（一）钓鲮时间●

春季，随着气温的回升，水中生物也日趋活跃。鲮鱼经过冬天御寒的消耗，身体急需补充养分，而且为了在春天繁衍更需大量进食。春天钓鲮鱼，应在白天8～18时为好，如遇到霏霏春雨，鲮鱼抢饵的速度几乎令人手难离竿。

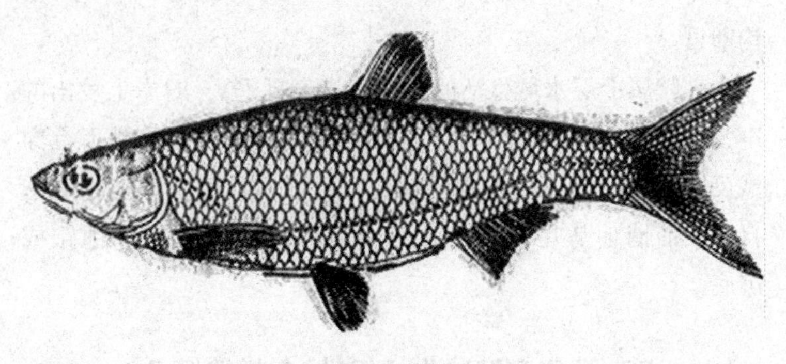

图12　鲮鱼

●（二）钓具●

钓鲫鱼所用的钓具、钓法都能用来钓鲮鱼。江河湾水域手竿垂钓宜采用双钩悬坠近底钓或半水钓，早晚用4米手竿，也能钓上该鱼。

●（三）钓饵●

诱饵用香甜可口的素饵上鱼快。诱饵多采用大块花生麸饼（花生榨油后形成的直径约30厘米、厚1厘米的圆饼），和片状花生麸饼相结合。先将花生麸饼砸成手掌大的块块，在出钓前一晚滴上几滴曲酒，用干净塑料袋捂严，第2天即可用做主诱饵。春天钓鲮鱼一般很少选用素饵，而以荤饵为主。钓饵选用蚯蚓最好，钓鲮鱼用的蚯蚓不宜太大，其粗细和圆珠笔笔芯相似为宜，且每次穿钩最好用半条蚯蚓，把钩尖从断口处穿起，一直穿到蚯蚓的头部还留1毫米即可（鲮鱼嘴小，钩尖留过长的蚯蚓反而碍事）。也可选用小河虾做钓饵，先将头尾去掉，剥掉虾壳，把虾肉切成米饭粒大小的小段挂钩垂钓。诱饵可做成三角形饼状，或做成乒乓球、大桃子形状或葡萄串都行，钓饵尽可能作大些，方便大鲮鱼寻食。

● (四) 钓位●

春天钓位应选择有阳光照射的流水口、洄水区、流水较缓的凹岸，在自然水域应选取藻类较多的向阳背风的缓流地段做钓点。海竿组合钩甩钓的位置，可钓江河水边、中河、河湾、湖湾、库汊出水口、水草附近水域、撒窝鱼点水域等。水深1～2.5米。

● (五) 钓法●

鲮鱼文静乏力、钓法亦不甚讲究，春天垂钓手竿传统守点垂钓。河川鲮鱼以底层为主活动层，主要在中下层水域活动，池塘的鲮鱼摄食多沉水性饵料。有新水注入的缓流垂钓投入饵料。在每个选定的钓点投入3～4块加曲酒花生麸饼做窝底，并将片状花生麸捏碎浸湿撒入窝点。鲮鱼一般会在1个小时内即进窝觅食，鲮鱼鱼星多为细小的气泡。水中鱼多可免撒窝，但也有在水的上中层水域咬钩的。野鲮鱼机灵，垂钓水域附近要注意不要大声讲话、投石下水，以免鱼惊游到远处深水中，鲮鱼咬钩时的浮漂反应和鲫鱼相似，只要发现送漂反应和鲫鱼相似，发现送漂1目以上或黑漂即可提竿。且鲮鱼警惕性及灵敏性均不如鲫鱼，咬钩时一般不会有假动作，其嘴圈也较牢固，鱼钩一旦扎入，很难脱钩而逃。鲮鱼一般个体不大，多数情况都可直接提拎上岸。

57. 翘嘴鲌有哪些生活习性?怎样钓翘嘴鲌?

翘嘴鲌在鱼类分类学上属于鱼纲、鲤科。其鱼肉质细嫩，产量较高，为淡水经济鱼类之一。常见的翘嘴鲌品种有翘嘴白鱼和翘嘴红鱼等。鱼体延长，侧扁，口大，斜或上翘；腹面全部或后部具肉棱。背鳍具硬刺，臀鳍延长（图13）。大小非常悬殊，翘嘴红鲌大的可长至10多千克，小翘嘴鲌50克。分布广，多生活在江河、湖泊、水库中的水中上层，在有风浪的早晚，尤其在有阳光照射的水面尤为活跃而且成群集游动。游动迅速，采取追逐的觅捕食方式，摄食凶猛，主要以鱼、虾及水生昆虫等为食，属典型凶猛肉食性鱼类。用虾上钩时，从虾尾处先上钩，使虾头正好在钩尖处，最好将虾头拉去，然后将虾前段皮壳剥下一段，这样上钩率就会大大提高。

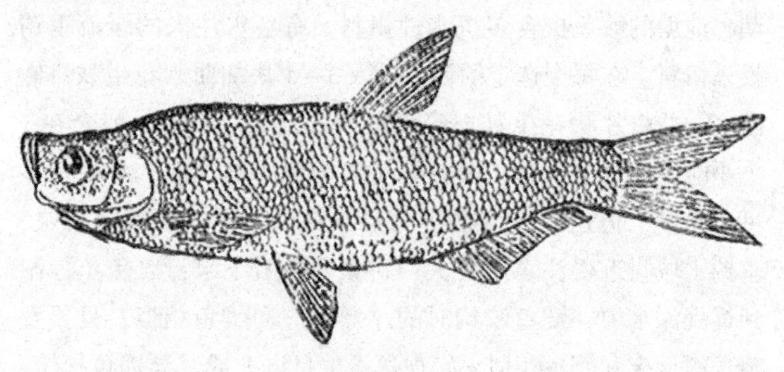

图13　翘嘴鲌

（一）钓鲌时间

早晨7～8时和傍晚4～6时是钓翘嘴鱼的最适宜时间。

（二）钓具

使手竿甩钓翘嘴鲌钓组用3.6～4.5米中硬调手竿，0.3毫米齐竿长的钓线、伊势尼5～6号钩，双钩、单钩均可。不

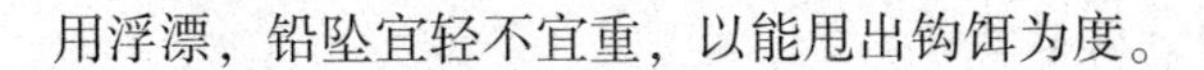

用浮漂，铅坠宜轻不宜重，以能甩出钩饵为度。

（三）钓饵

诱饵可根据季节、气温配制成各种气味的饵料，如用麦面，糠麸、饼粉、干馍（掰碎）等配制成香味饵、臭味饵、酸味饵配制方法。饵料配制常使用的爆炸钩饵是将玉米面加适量开水冲调，再倒入适量高度白酒，然后加入麸皮拌和。麸皮与玉米面比例大约为2：1，出钓前一天备好。使用时使饵料成为松散状，如有结块，可用手搓，使之松散。如果搓之不易松散，可加入适量干麸皮，再搓，极易松散。

（四）钓位

钓翘嘴鲌的钓位应根据垂钓前观察鲌鱼群的活动水区下钩。当鲌鱼隐于水下，水面上可见受惊吓鲌鱼的跳跃；在敞水区可见鲌鱼由下而上突袭小鱼虾留下的“叭嗒”声和溅起的水花。在水草丛里可见鲌鱼抢食水生植物叶面下的虾而扰起的草叶晃动。

（五）钓法

垂钓时，把饵撒向水面，漂漂悠悠，徐徐缓沉，在水的中上层形成一个较大的雾状窝区，且维持时间较长。行动迅速、摄食凶猛的翘嘴鲌很容易发现这一雾状水区，很快聚集成群在此抢食。甩钓时，钓饵（红蚯蚓或小虾）一落入水面，稍等一两秒钟，不等钩坠入水太深即可缓缓扬竿，向岸边拖动钓线（如能有节奏地略拉略停效果更好）。在扬竿过程中，如手感有向下牵动感或扬竿受阻，必定有鱼咬钩，此时应迅速扬竿，稍有迟疑，容易造成鱼儿脱钩。如扬竿无鱼，再将钩饵送至钓点，反复进行。

58. 鳜鱼有哪些生活习性?怎样钓鳜鱼?

鳜鱼地方名称为桂花鱼、鳌鱼、季花鱼、胖鳜及花鲫花。在鱼类分类学上属于鱼纲、鮨科。肉质优良，肉细嫩，鲜美，无散刺。属名贵食用鱼之一，鳜鱼体长达60厘米，青黄色、体较高、侧扁，背部隆起。头大，口裂略倾斜，下颌突出，上颌后伸至眼后缘。口腔锐齿密集，倒钩形小齿。鳞细小，侧线弯曲，背鳍发达，具硬刺，胸鳍呈圆形。腹鳍位置接近胸部，臀鳍外缘圆形，尾鳍也为圆形。体色棕黄，腹灰白，鳞片细小，身布花纹。从吻端通过眼部至背鳍前部有一条黑色条纹，在第6~7背鳍棘下一般有1条暗棕色纵带，体侧有许多不规则斑块、斑点（图14）。鳜鱼分布很广，除青藏高原外，我国各大江河湖泊均产，且产量大。常栖息在静水或缓流水域。鳜鱼是流水中的中下层鱼类。不善游动，活动范围小。在江岔子、小支流稳水中很少有鳜鱼。栖息地多数是在江坝水底有乱石堆的地方，喜栖息底层，爱合群而居。秋末冬初，江湖水退去，枯水期来临之际，鳜鱼开始作越冬前的肥育觅食。此时，鳜鱼成群结队寻找岩丛石缝间、水流湍急处聚居。冬季很少活动，多在深水处越冬。有在湖底下陷处躺卧的习性，夜间活动觅食。5~7月为产卵期，在雨后山洪注入湖中时，常集群在该处或至河流的急流处产卵。鳜鱼是肉食性、凶猛性鱼类，是典型的肉食性鱼类。鳜鱼6~7月食性最旺，生殖期稍有下降。食物常以近岸小杂鱼和虾类及其他水生动物为食。5 月下旬至 7 月上旬为产卵期，少数延到 8 月。现已试行人工繁殖和饲养，是供垂钓的主要鱼类之一。鳜鱼的垂钓方法如下：

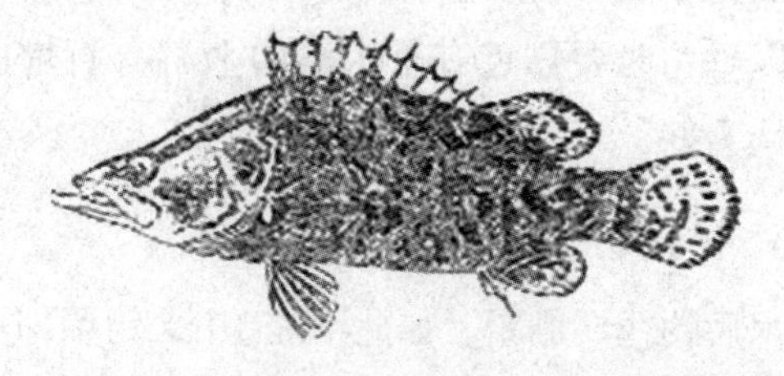

图 14　鳜鱼

（一）钓鳜时间

鳜鱼秋末越冬前的肥育觅食是钓鳜鱼的黄金时节，冬季很少活动，多在深水处越冬。

（二）钓具

钓竿多以手竿为主，钩型号应大些，常用 7 号以上钩条较粗的宽门钩。还可采用插竿钓法，多支单竿斜插岸边。

（三）钓饵

钓鳜鱼以活虾作饵或鳜鱼最爱吃的小鱼如餐鲦、泥鳅、小鱼等作钓饵也可。使用蚯蚓作钓饵还可将整体活鱼虾穿钩，投入水中仍可游动，可以引起鳜鱼注意。或将泥鳅等小鱼从下面腹部剖开从腹部流血到水中增加血腥味能诱鳜鱼出洞觅食，从小鱼的背部穿钩其垂钓效果更佳。

（四）钓位

钓鳜鱼选择地点至关重要，下钩部位必须在水流湍急，水底布满或堆砌岩石，有岩缝、溶洞且岸边有大树的水域处。

这是因为岩石是蚌、螺、蚬聚集的场所，这类甲壳软体动物栖息地又是河虾的生活区域，密集的河虾为鳜鱼提供了天然的食料，必然招致鳜鱼群居。饱食后在石缝中或大石的背流处栖息。所以垂钓时要靠近有趷水湾的上游有石堆的地方或趷水湾处下钩为好。

● （五）钓法●

钩饵入水后钓线要绷紧。如此下完10支钓竿即可等待鱼咬钩。最好在适当时间内不断轻轻地提线，使水中的钩饵动起来（又叫“逗钓”）。鳜鱼的咬钩及起钩时机：鳜鱼咬钩很斯文，为拉弓式的。慢悠地拉动竿稍弯下去，竿再弹起来，又拉下去，见到如此咬钩2～3次方可起钩。钓鳜鱼的起钩要抓住时机及时收鱼，但起钩慢了无碍，快了不行。起竿时也要轻而猝然地一提，这是为了更好地钩透鱼唇，另方面这样一提，可把石坠的线拉断。这时一手举起鱼竿，另手在线转子处提脑线使鱼上来，用线径0.30毫米的脑线钓5千克重的鳜鱼不用抄网是无问题的。鳜鱼还可夜钓，用活虾作饵，如水底钩壑状可使用插竿，1次可用10～20枚可用小型抛竿配串钩，由于鳜鱼咬钩是直吞，只要钓线拉力强度大一般是不会被拉断。鳜鱼的摘钓法：鳜鱼被钓上来后，大张其口，即可摘下钓钩。

59. 罗非鱼有哪些生活习性?怎样钓罗非鱼?

罗非鱼又名非洲鲫鱼，是一种热带鱼，原产于非洲的东北部，罗非鱼移植到我国淡水养殖已有50多年历史。在鱼类分类学上属于鱼纲、鲈形目、鲡鱼科。一般生活在水体中下层。体长20余厘米，从外观上看，大小和外形似鲫鱼，故有非洲鲫鱼之称；罗非鱼体侧扁，鱼体呈灰褐色；背鳍硬棘较多，似鳜鱼（图15）。因其品种不同，罗非鱼体色有灰黑、血红、蓝、白等多种颜色，常有纵列深色斑纹。台湾是我国

图15 罗非鱼

引进罗非鱼最早的地区，并成功地完成罗非鱼的杂交而获得新种，称之为福寿鱼。罗非鱼的肉质鲜美，营养丰富，并具有生长繁殖快，抗病强的特点。我国引进大陆在各大水域饲养。罗非鱼原为热带鱼类，性格活泼，喜高温，最适宜在20～35℃的水中生活。当水温在25～35℃时，罗非鱼的摄食最旺。罗非鱼属植物性为主的杂食性鱼类，食谱范围较宽。天然饵料有水中浮游生物如各种藻类、植物碎屑、水蚯蚓、小虾、昆虫及昆虫幼虫，以及水底淤泥中的有机质。人工饲养常用饵料有米糠、豆饼、菜籽饼和碎麦粒等。罗非鱼常集群游动，人工饲养常在池塘周边浅水处。胆大、贪食、对饵料不挑剔，易钓获而普遍受到钓鱼者的青睐，且有“初学钓者最佳入门鱼”之说。

(一) 垂钓时间

寒流气温骤降，罗非鱼蛰伏水底，将腹部陷入泥中不咬钩，寒潮退后，气温逐渐恢复正常，恢复摄食才有较高摄食率。

(二) 钓具

钓具相应配4~5米硬调竿，主线可用线径0.25毫米强力线，钓钩选用6号上下长柄为好（易于摘钩）。因罗非鱼嘴较大，用钩不能太小，钩形以钩弯较宽为好。

(三) 钓饵

罗非鱼杂食性，荤素饵均食，但偏食蚯蚓、草虾、黄粉虫、蝇蛆等动物性饵料，也食素饵，有面饵类，米饭粒，颗粒饵料和专用饵。钓饵应根据饲料条件和池塘特点进行选择，诱饵使用荤素搭配的漂浮性、缓沉溶散性及底散性为好，成分是以味招鱼，突出“腥香”，可根据具体情况自行调制。麸皮、糖饼、菜籽饼、混合饲料和豆渣等为主料，而以腥味物质的鱼骨粉、虾粉、蚕蛹粉作添加剂，则能诱来大批的罗非鱼。由于罗非鱼食量惊人，打窝应重窝并及时补窝。

(四) 钓位

选择钓点时，应根据水温高低的变化，灵活择点而钓。一天之中，水温由低向高渐趋升高，罗非鱼则由深水处向浅水处移动；而水温再由高向低下降时，罗非鱼又由浅水处向深水处移动。因此，根据罗非鱼活动的规律，探明罗非鱼活动或停留水层具有实际垂钓意义；而水域的斜坡地界，又是探查的最好点。通常早晚宜钓深水处；中午前后宜钓浅水处。

向阳处、斜坡处或喂窝处，是首选的钓点。施钓中要选择“阳坡”做钓位：要跟着水温的不断变化调整所钓水层，应分别在上、中、下水层试钓。

●（五）钓法●

罗非鱼常用传统钓法，但是钓罗非鱼与钓鲫鱼相比有所不同，常常是立漂变为侧斜或星漂颤动，说明已咬钩了，很少有上下连续跳动的动作。有时在徐徐拖拉或提逗中，即有罗非鱼咬钩，而浮漂则没有反应，往往是手感有下曳力而得鱼。中午前后，水温最高，罗非鱼常浮到上层水面活动，而罗非鱼喜温的反映和在吸食浮游生物（因浮游生物也有喜温的特点）。此时，底钓肯定不佳，而调整为浮钓，往往能获取较高的战绩。如要在某一水层钓上一条罗非鱼，不仅要把钩饵缓缓拖拉或上下轻轻提动而钓，且要眼到手到，发现有鱼咬钩，应迅速提竿；钓上罗非鱼后，取鱼时不要悬空抓鱼，摘钩也不要直接用手去抓鱼体，因罗非鱼鳍棘刺很硬，应用布垫住鱼体或用脚轻轻踏住摘钩或戴手套摘钩，防止被罗非鱼的硬鳍棘扎手。

60. 鲈鱼有哪些生活习性?怎样钓鲈鱼?

鲈鱼，又名四鳃鱼、真鲈，在鱼类分类学上属于鲈形目、鮨科。鲈鱼肉实味美，营养价值高，肉质厚实，少刺，利于烹调，故为历代人民所称颂。鲈鱼类本属海洋鱼类，但多数洄游于河口、沿岸及近海海域，也进入淡水水域，迁移后，不再游向海洋而成为纯淡水鱼类，所以人们常把鲈鱼视作淡水鱼。鲈鱼体长，达0.6米左右，侧扁，口大，倾斜，下颌突出，稍长于上颌，体呈银白色，背部和背鳍上有小黑斑(图16)。背鳍棘发达。全世界的鲈鱼类约200多种。鲈鱼是分布面最广，在中国沿海各海区及江河都有鲈鱼类分布，除了长江、珠江的花鲈，上海松江的四鳃鲈、华南沿海的尖吻鲈等是较有代表性的淡水鱼。四鳃鲈体小，一般体长仅12～14厘米。而头较大，口较宽，鳃孔亦大，两边鳃膜上各有两条橙黄色的斜纹，好似四片鳃叶外露，故名。胸鳍大而圆，尾鳍无分叉，呈弧形。体表无鳞，皮上有许多小突起和皮褶。背部灰褐色，并有黑褐色的斑块。它们生活在水体的中下层觅食，有时到水面抢食，喜欢在长满草本植物的地方聚集。鲈鱼为一种食肉的鱼类，主要食物是幼虫和小鱼，它喜欢捕食活的鱼饵，如幼虫、红虫、蚯蚓、小鱼及模拟饵。四鳃鲈栖息于有潮水涨落的江河湖泊中，亦属沿海洄游性鱼类。每年冬季由河入海；春季在沿海岸淡水区产卵。仔鱼孵出后几天即上溯江河索饵成长，以浮游动物、昆虫幼虫、小鱼、小虾为食。其性成熟早，1龄鱼即开始成熟回到浅海区进行繁殖活动。夏秋季进食最猛，此时最易钓取。四鳃鲈河里的一般较小，但在河里或养鱼池里也会钓到1千克重的鲈鱼。100千克重以上的大鲈鱼是离群觅食的，它到处寻找红蚯蚓和蛆蛹，要想钓到大鲈鱼，必须到水较深的大湖和水库去钓。冬季里鲈鱼是生活在水的最深处的。那里水温较表层要高，鲈鱼在水底等着食物或诱饵掉下来。最大的鲈鱼体重可达2千克，体长可达50厘米左右。钓鲈鱼可用手竿也可用海竿或抛竿钓。其手竿钓法介绍如下：

图 16 鲈鱼

●（一）钓鲈时间●

根据鲈鱼生活习性和生殖洄游的季节性特点，5 月至立秋时间为钓鲈最佳时间。

●（二）钓具●

用手竿应是长 5 米以上的硬调性竿，用海竿应选用 3 米以上的硬调性竿，坠子要小。钓线用线径 0.4 毫米的尼龙线，钓线宜长可用齐竿线。因鲈鱼属凶猛类鱼类，窜劲大，游速快，因此钓具必须有一定的耐拉力。钓钩应选用 7 号以上的粗条钩，钩应有倒刺，抛竿钓应用 3.6 米以上的长抛竿，并配以葡萄钩效果最佳。

●（三）钓饵●

宜用鲜活的小鱼、虾类小动物如泥鳅、沙蚕、蚯蚓、海蛆等作钓饵。钓鲈鱼也可用假饵、模拟饵吸引鲈鱼上钩。

●（四）钓位●

钓点应选在河湾有流水、水下堆积石块或有木桩的水域，气温高时应钓深入或桥墩周围，夜钓点应选在近岸的浅水区。饵料可用真饵也可用模拟饵。

● （五）钓法●

手竿钓宜用悬钓法，用立柱形或球形浮漂，海竿钓可用甩钓法，即使流水较急的水域也可用此钓法，即把钓饵甩入水中，反复甩钩不要将钩沉入水底，即可慢慢摇轮收线。人工养鲈发现鲈鱼在池边水草边缘游弋，钓者将身体隐藏，不要发出响声，钓饵使用荤饵，慢慢将钩伸至鲈头前50～100厘米，点几下即放钩。鲈鱼会冲过去吞进饵即游走，这时提竿效果最佳。通海江河在船上手竿钓时，应不时地提放线，方法同手竿钓。由于竿短，线长，不要把线绕乱。在江河与海交汇处钓鲈鱼的另一种钓法是抛竿钓，应用3.6米以上的长抛竿不仅线长，而且可以自由收放。钩用葡萄串钩，钩要大，倒刺要长而锐利。抛竿钓时如10分钟，无鱼咬钩可缓缓收线10米左右再停下，引诱鲈鱼上钩。淡水鲈吞饵凶猛程度不及海淡水洄游鲈鱼。

61. 赤眼鳟有哪些生活习性?怎样钓赤眼鳟?

赤眼鳟俗名红眼鳟、红眼鱼、野草鱼。在鱼类分类学上属于鱼纲、鲤科、赤眼鳟属，是我国常见经济鱼类之一。赤眼鳟体长相当于体高5倍左右。体重1～3千克。眼睛近吻端的上方有一显著的红斑，故被称为红眼鱼，又因其形态似草鱼状，故被叫为野草鱼。体长腹圆，像长筒形体，后段较侧扁，该鱼背部和两侧深灰色；腹部为银白色；背鳍和尾鳍为深灰色；腹鳍和臀鳍为灰白色（图 17）。赤眼鳟雌鱼 2 龄达到性腺成熟，喜欢在水域中有水草的地方产卵，赤眼鳟卵为黄绿色，具漂浮性。繁殖季节约在 4 ~ 6 月，产卵为 3 万 ~ 40 万粒。赤眼鳟鱼资源分布甚广，我国黄河、长江、珠江、黑龙江四大水系均有分布，北方赤眼鳟较少。赤眼鳟属水域中、下层鱼类。喜欢生活在江河、湖泊水流缓慢的水体环境中。大山塘、大小水库、江河是该鱼繁殖生存、寻饵育肥最理想的场所。赤眼鳟游动迅速，食性杂，以水生植物为主，既吃绿藻、蓝藻、水草、玉米、稻谷、菜叶及有机物碎屑等，又食小虾、小鱼、轮虫、昆虫、河蚬、蚯蚓等。但动物性饵料吃的较少。

图 17　赤眼鳟

●（一）钓具●

垂钓该鱼一般用 4 米左右手竿和 2 米左右海竿，6 ~ 10 磅的钓线，应用齐竿线，一般选用 6 ~ 8 号中型钩。既可用手竿单钩、双钩、串钩甩钓，又可以用海竿组合钩、爆炸钩、双钩、串钩甩钓。

●（二）钓饵●

钓饵可用小鱼、蜂幼、蚯蚓、河虾、蚬肉、玉米窝头等荤素饵。但最佳钓饵是：用蒸熟的玉米面粉团，加红糖、甜酒糟、香精、熟红薯，用石凹舂揉成团。用香甜素饵垂钓特别灵，上鱼多、个体大。

●（三）钓位●

钓点选择，要在食饵较丰富的水域，也可以在前几天撒下诱饵，诱引该鱼到位再钓。大山塘、大小水库、湖泊，红眼鳟繁殖较多，该鱼喜欢数尾成群在岸边 4 ~ 10 米的水域觅食。钓点应选在汊弯处、流水速度缓慢及避风无浪树下水域处下钩施钓。有时也在水的中下层游动，人站在岸上可见有赤鳟鱼群游动时即可像钓鲫鱼一样选择在有水草及其他水生植物的水域下钩垂钓。

●（四）钓法●

钓赤眼鳟鱼宜用定点底钓法。赤眼鳟喜贪食，当群游的赤眼鳟鱼追踪浮钓抢食时可用浮钓法，可顺水流方向慢慢移动钓钩，以吸引鱼注意钓饵，发现鱼吃钩，不要死拉硬拽，应当放长线，遛鱼直至消耗尽鱼体力方可提竿收线，将鱼拉到岸边。

62. 白鲦有哪些生活习性?怎样钓白鲦?

白鲦学名叫餐鲦。在鱼类分类学上属于鱼纲、鲤科。为一种温暖带的淡水鱼，白鲦肉多味美，体长最大仅约 190 毫米，体薄，刺多，作酥鱼食用为宜。白鲦体长条状，侧扁，色白，腹缘在腹鳍基前后有皮鲮。侧线在体中部位很低。背鳍前缘有光滑硬刺，其后有鳍 7～8 条。尾鳍深叉状（图 18），它又分为尖头餐和翘嘴餐两种，翘嘴餐比尖头餐更瘦。白鲦广泛生长于河流、小溪、水库之中，它体形修长，游速快，属于小型上层鱼类，常成群游弋，喜欢在水的中上层及表层寻食活动。尖头餐经常在淘米洗菜的河埠水面游弋觅食。它特别爱吃苍蝇之类的小虫等。翘嘴餐属中层鱼，喜欢聚集在菱藤或不流动的水草下面，也在不常移动的木排、竹筏下面栖息，它特别爱吃小白虾。小鱼以浮游动物为食；大鱼主要食昆虫及植物种子等。喜群游于水的表面。胆极小，遇惊立即潜逃，游动非常敏捷迅速。产浮性卵。在较寒地区，冬季常潜聚河湖底的深凹处越冬。如水库到库内坝前的较深水区聚有白鲦鱼群。

图 18　白鲦

（一）钓鲦时间

一年四季，尤其是盛夏季节白鲦成为垂钓的主要对象。

（二）钓具

在河流、小溪用 3.6 米软调手竿；钓水库用 3.9 或 4.5 米软调手竿。钓线：用直径 0.1～0.15 毫米线。钓线的长度与竿等长或稍长10厘米左右。这样的长度比抛竿准而快，抬竿也快，钓线过长过短都不好用。钓线穿白鸡毛梗做浮漂（散漂）。铅坠：用保险丝捶打成铅皮，裹在离钓钩约10厘米远的钓线上。铅坠在重量上以刚好能把前漂沉入水中约4/5，只留一小点漂尾露出水面（两漂合一漂时同法）。这样的铅坠重，入水下沉快，钓饵易判断、获鱼率高。鱼钩：以长柄小钩为宜，上鱼后易摘钩。3号钩也可，但柄太短。

●（三）钓饵●

钓饵可用蛆、陆生昆虫（如蚱蜢、蝗虫等）。喂窝：用酒糟500克捣细，加豆渣500克混匀即成；或蛆粉末状的干饲料加水调成半干湿状喂窝亦佳。

●（四）钓位●

一般选洗菜洗衣、挑水处水中的岸边；河流中的冲水部位、拦河坝泄水口、桥洞、桥墩边、堤坝坎、放水闸门处；热天靠竹林下、树荫下的水面有白鲦“跳花”的地方；通常大白鲦多在靠岸边尤其是水库或水库网箱边。冬、夏天，靠岸边的深水区有大白鲦可钓。

●（五）钓法●

一般情况下，小白鲦在0.1～0.8米深的上层水位活动，大白鲦多在1～2米的上层水位活动。因此，水下钓线深度也应与之相应，垂钓效果才能最佳。垂钓时每次喂蚕豆大诱饵，每3～5分钟喂1次，使窝内不时地有少许食物漂浮和下沉，鱼儿不能吃饱，却不愿离去，能起到较长时间聚鱼、留鱼的作用。白鲦多在表层、上层水域活动，生性胆小，怕人影晃动，坐着钓隐蔽性好，能减少对鱼的惊吓、干扰，有利于窝内聚鱼、留鱼，获鱼率优于站着钓。人坐好，右手握竿，右肘放在右膝上，将钩饵抛到鱼群中，因为白鲦是在水面抢食，所以钩只要入水就够了，不要让它下沉，下沉不但钓不到游鱼，还往往被下层的草鱼、鲫鱼抢食，惊走白鲦，扯走钓线，甚至折断钓竿。在不长的时间里，因为鱼来成群，见饵就抢，不会像鲫鱼吃食那样斯斯文文。起钓时，不要用力过猛，以防鱼落到空坪之外的地方。只要鱼脱了钩，马上又将钩饵抛入水里，随即又能上鱼，只要水域有白鲦，用短竿短线钓，收获往往是可观的。

63. 黄颡鱼有哪些生活习性?怎样钓黄颡鱼?

黄颡鱼又称黄颊鱼、缺嘶、缺虬，俗称嘎呀、黄刺鱼。在鱼类分类学上属于鱼纲、鮠科。鱼肉质细嫩，肉多刺少，肉味鲜美，营养丰富，为常见中小型上等食用鱼类。鱼体像鲇鱼，但比鲇鱼小得多。个头较小，体重500克以下，体长10余厘米，口宽下位，须4对，身体的前部平扁，后部侧扁，体呈青黄色，大多具不规则褐色斑纹，无鳞。背鳍和胸鳍各具一硬刺，后缘具锯齿，尾鳍分叉（图19）。黄颡鱼生活于我国江湖水库和池塘静水或缓流且有乱石、烂草腐殖质多的水底层，在长江中下游产量大。黄颡鱼性格活跃，在风雨天更为活跃，喜群居，群游，胆大，贪食，多在傍晚、夜间游出觅食活动。黄颡鱼属杂食性鱼种，但以荤食为主，喜食蚯蚓、浮游动物、水生昆虫、螺蛳肉、小鱼虾等；在气温较高的夏季也食素饵，与鲫鱼所食的素饵近似。此鱼垂钓方法如下：

图19　黄颡鱼

(一) 垂钓时间

钓黄颡鱼宜春末至秋季，以夏季为上。冬季多居于深水中，特别在春夏两季洪水涨潮时期垂钓效果颇佳。

(二) 钓具

黄颡鱼个头较小，钓具可用钓鲫鱼的钓具。在水库等大水面钓黄颡鱼时可用多支竿一根线有多个钩，饵料常用串钩，钓获量大。也可用海竿钩钓。

(三) 钓饵

钓黄颡鱼早春和晚秋气温较低时用红蚯蚓、红虫、螺蛳肉、小虾等作为钓饵；也可用精瘦肉（猪、牛、羊均可）用刀顺着纹路将肉拉成薄片状，长3～4厘米，可适当用香精、麻油涂于肉上，用饵时取饵料1片悬挂一端在鱼钩并缠在钩线上，另一端使其下垂，引鱼上钩，效果颇丰，在气温较高的夏季可用面团加一点食用香精做成饵料也吃。

（四）钓位

应根据水面的大小适当选择钓点，一般宜在水深 1.5～2 米为宜，因黄颡鱼生活在静水或江河湖泊缓流中，多居于有乱石、枯烂水草的底层，冬季垂钓可在自然水域放钩于流水 10 米深左右。

（五）钓法

传统钓黄颡鱼一般多使用卧钩使其下坠至水深 1 米左右的水底布成钩阵，悬钓无一定深浅，可随鱼活动层面而调整，垂钓者手持钓竿不停地拉动以此逗鱼上钩就能钓到黄颡鱼了。此钓法最适用于春夏两季洪水涨潮时期，效果颇佳。

64. 黄鳝有哪些生活习性?怎样钓黄鳝?

黄鳝又名鳝鱼、长鱼、田鳗等，为温热带淡水底栖生活鱼类。在鱼类分类学上属鱼纲、辐鳍亚纲、合鳃目、合鳃科。黄鳝体呈鳗形长达 50 余厘米，体长呈圆筒形，体黄褐色，具暗色斑点，头大，口大，眼小，无胸鳍和腹鳍、背鳍和臀鳍低与尾鳍连（图 20）。黄鳝营养丰富，具有补气、除风湿、利筋骨、通血脉之功效，对糖尿病有很好治疗功效。黄鳝刺少肉多，味道鲜美。黄鳝的分布很广，除青藏高原以外，全国各水系，各种水体均有分布。长江流域和江南各省水域多产。黄鳝不喜流水，喜欢在稻田、沟渠、塘堰等静水埂边钻洞穴居，它以头穿洞筑穴，穴道弯曲多岔，洞穴出口至少有两个，其中必有一个靠近水面。生活在稻田的黄鳝大多沿埂做穴；生活在池塘的则多在浅水区活动，喜欢在有水草的地方隐居，偶尔也在岸边乱石缝中栖身。黄鳝的鳃严重退化，呼吸时必须将头伸出水面。

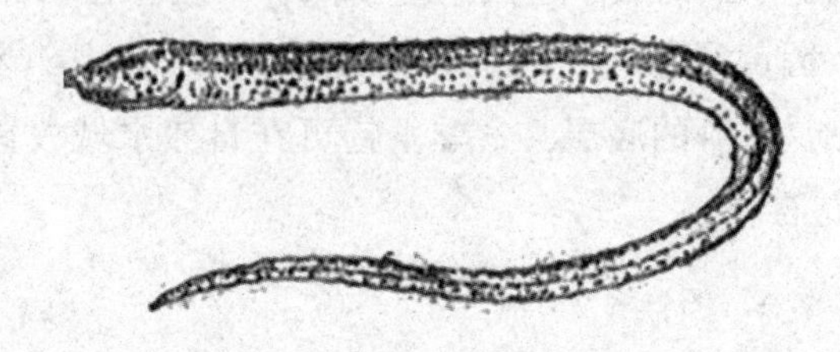

图20　黄鳝

黄鳝昼伏夜出，春出冬眠，晚上守候在洞口捕食或出洞捕食，以蚯蚓、蝌蚪、小鱼、小虾、幼蛙、蚱蜢、蝇蛆、昆虫等动物为食，也吃人工投喂的河蚌肉、螺蛳、蚕蛹、熟猪血、动物肉和屠宰场下脚料等。黄鳝视力退化，全凭嗅觉和触觉觅食，捕食时囫囵吞枣，不经咀嚼。黄鳝的适宜生长水温为23~25℃，水温降至15℃时，食欲明显减退，水温降至10℃时，停止进食并钻入泥土中越冬。

●（一）钓鳝时间●

黄鳝垂钓季节集中在春、夏、秋三季，以春季最佳。黄鳝经过冬眠，体力消耗很大，开春之后，食欲大增，容易上钩。垂钓气候，一般阴天比晴天好，雨天比阴天好，雷雨前特别好；垂钓时间则是早上10点以前，下午3点以后及夜间，尤以夜间最好。

●（二）钓具●

钓黄鳝的钓具和钓其他鱼类有所不同。竿钓宜用1.5米左右短竿，钓线用齐竿粗线，钓钩用国产114号、115号长柄鹤嘴型鱼钩。钓具也可自己制作钢丝钩、引钩。钢丝钩：用1根直径1.5～2毫米，长60～70厘米的细钢丝，一头磨尖，再用尖嘴钳弯成一般鱼钩大小即可。引钩用一根长细竹，竹头缚上钢丝穿上蚯蚓即可，此钩一般用于水草茂密，钢丝钩难以下钩的地方。用它引黄鳝出洞，再用钢丝钩钓极为方便。使用得法者可直接用引钩将黄鳝钩上来。

（三）钓饵

钓饵选用青黑色的大蚯蚓从尾部穿到头部，将钩尖包住即可。

（四）钓位

每年春季水温上升至15℃以上，越冬黄鳝出洞觅食，昼伏夜出，一般在天黑时出洞摄食，天亮时返洞。在天闷热下雨的夜晚，喜到稻田、堤埂的浅水处活动；天冷风大时，喜栖息深水处。黄鳝的钓点可根据稻田、土质、水质黄鳝的残饵与栖息洞穴的进行钩钓。

（五）钓法

将青蚯蚓挂钩，置于洞口附近，用钢丝钩钓黄鳝的时候，必须注意钩头朝下，轻轻晃动深入黄鳝洞。黄鳝嗅到青蚯蚓的腥臭味之后，便会出洞吞食，然后缩入洞内，此时提竿必有所获。竿钓还可在短竿上拴齐竿棉线，将青蚯蚓用针穿过装在棉线的末端，然后去针，将棉线和蚯蚓拴结并挤压成团。傍晚时将团饵抛向黄鳝洞口边，钓竿则插于岸上。当发现钓竿变位或松弛的棉线绷紧时，即可拽线，将黄鳝拉出洞口。此法钓黄鳝应每隔10分钟左右提竿1次，以免黄鳝弄断棉线逃之夭夭。用棉线钓黄鳝要多准备几副钓竿，以便同时施钓，取得较好的钓绩。有时，还会见到大黄鳝，只隔几分钟将头伸出水面换口气，继而又钻入水下。碰到这种情况，可取一尖锐的大钩，看准黄鳝的头部方向。待其伸出水面时，猛地向其喉部扎去，连同钩子一起甩向岸上，动作须迅速且准确。碰到大黄鳝咬钩时，须将钩子稳住待鱼劲耗尽再往外拉。拉出一半时，可用手捏住鳝身，连同钩子一起扔到岸上即可。捕获后黄鳝不易死亡，便于运输和鲜活上市。

65. 泥鳅有哪些生活习性?怎样钓泥鳅?

泥鳅俗称鳅鱼。为温水性鱼类，在鱼类分类学上属于鱼纲、鲤形目、鳅科、泥鳅属。泥鳅肉质细嫩，味道鲜美，营养丰富，为国内外消费者所爱食的美味佳肴，泥鳅素有“水中人参”之称，且有较高的药用价值。泥鳅体长 10 余厘米，呈圆筒形，口小，下位，有须 5 对，体黄褐色，具不规则黑色斑点，尾鳍圆形，鳞细小（图 21）。泥鳅在我国分布较广，栖息于我国南北方的江河、湖泊、水库、池塘、沟渠、坑涵、稻田、水沟等处的下层水域，除用鳃呼吸外，还能用皮肤和肠管进行呼吸，离水不会立即死亡，野生资源极为丰富。泥鳅喜温水，生长水温范围为 13 ~ 30℃，最适水温为 24 ~ 27℃。当水温降至 5 ~ 10℃或升高至 30℃以上，泥鳅便潜入泥层下 20 ~ 30 厘米，防寒避暑，停止活动进行休眠。一旦水温达到适宜温度时，便复出活动摄食。在阴雨和湿闷天气或傍晚，泥鳅会在水域中不断上下翻动，并持续很长时间。泥鳅的食性很广，但偏爱动物性饵料的杂事性鱼类。摄食饵料主要生物种类如轮虫、蚯蚓、黄粉虫、小型甲壳虫、昆虫，偶尔也食藻类如硅藻类、绿藻类、蓝藻类、黄藻类、有机碎屑和水草的嫩叶与芽等。生活在不同水体的泥鳅，其食物组成有所不同。泥鳅食量一般都比较大，在1昼夜中有两个明显的摄食高峰，即在7~10时和16~18时。早晨5时前后有一个摄食低潮。钓泥鳅可依它的生活习性，在其底的栖息的水域中寻找钓场进行钓鳅。钓泥鳅一般用以下方法：

图21　泥鳅

（一）钓具

用2.7~4.5米短手竿，传统单钩钓组，伊势尼3~5号钩或其他长柄小钩，短小的风漂或星漂，网孔细小的鱼护。由于泥鳅上钩时身体卷曲翻动，极易使单丝脑线打卷折断，故脑线用细多股软线，长度为3~5厘米。铅坠固定在主线与软脑线的连接扣上。

（二）饵料

泥鳅属杂食性鱼，尤喜荤饵。钓饵以小个蚯蚓为佳，诱饵用酒米拌蚯蚓粉效果很好。蚯蚓粉可自制，取些个大的粗蚯蚓，晾晒几天，干透后搓碎盛入小瓶封口备用。打窝前半小时，取少许拌入湿酒米即可，不宜拌入过早。

（三）钓位

泥鳅多生长在水底有腐草或有水草的近岸水域，特别是稻田、藕池边的灌水沟渠或经常有水草生长的河道。因此，选取钓点的原则是近岸、浅水、有水草的地方。天气发闷时钓点更易选准，看见有泥鳅翻花到水面吸气的地方，就是好钓点。少数泥鳅翻花，几乎不影响垂钓，有许多泥鳅翻花，则说明缺氧已很严重了，此时就不能再钓了。

（四）钓法

由于泥鳅口小，吃饵时浮漂先是出现几下抖动，接着下沉一定幅度停止不动，过一会儿又会出现漂动（上浮或继续下沉、横移）。在漂下沉过程中，漂下沉不起、横移时提竿都可中鱼，但点动或上浮时不能提竿。提竿过晚常出现黑漂或上浮到钓目，前者是吃死钩了，要赶快提竿，否则钩易挂草或吞饵过深难摘钩，后者则是鱼吐钩了。

泥鳅体滑，出水后又卷曲翻动，很不容易摘钩，抓不住跑鱼。解决的办法是手握一小块布顺线抓鱼，效果很好。摘钩最好是在身后的平地上进行或双手伸入鱼护中进行，以免鱼脱手后逃入水中。

一般野生泥鳅底栖在沟渠，池塘和水田等水域，捕捉方法，4~5月特别是涨水夜间可用须笼向着下游设置，须笼的笼口朝上游，因为此时泥鳅顺水而下。

66. 鳗鲡有哪些生活习性？怎样钓鳗鲡？

鳗鲡又名白鳝、河鳗，俗称鳗鱼。在鱼类分类学上属于鱼纲、鳗鲡科。鳗鲡肉质细嫩，味道鲜美，富含脂肪，有很好的营养价值和药用价值，具有补虚解毒的功效，为上等食用鱼类之一。鳗鲡体细长呈蛇形，前端呈圆筒状，后部侧扁，头呈圆锥形，吻短略扁干，口大。背鳍、臀鳍很低且长，后端联于尾鳍，胸鳍短圆，无腹鳍。体背部青灰色，腹部白色，体鳞小，埋没皮肤下（图22）。鳗鲡为洄游性鱼类，平时栖息于江河、湖泊、水库的浅水岸边，有时从水中游到陆地用皮肤呼吸。白天隐居于水中石缝或洞穴，夜间出来活动觅食。以小鱼虾、蟹、蛭、螺、沙蚕等为食。亲鱼于秋季进入深海产卵。幼鱼经变态后进入淡水的江河、湖泊、水库的浅水岸生活成长。用手竿垂钓鳗鲡的方法介绍如下：

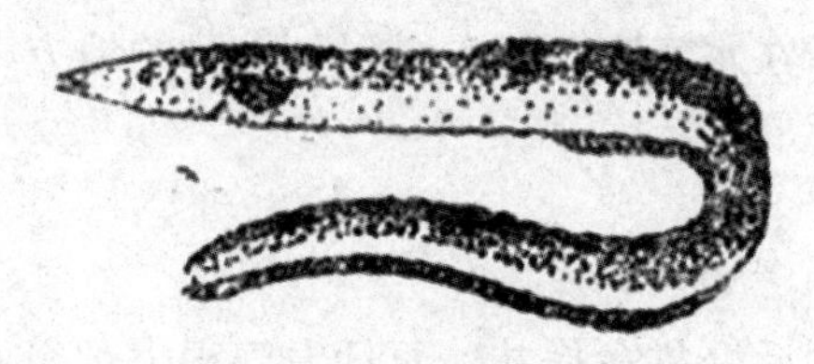

图22　鳗鲡

●（一）钓鳗时间●

钓河鳗南方最佳时间是4～8月，雨天好于晴天，夜晚好于白天，夜晚垂钓最好。

●（二）钓具●

河流、池塘、水坑等地可用手竿垂钓，在大面积鱼塘里，河鳗大部分栖息、隐藏于离岸较远的深水区，只有用海竿垂钓方可奏效。准备2.5～2.6米长中调海竿3～5副，配中型旋压式绕线轮，装100米3.5号线。使用串钩，主线也用3.5

号，长50厘米左右，子线配3号线，长12厘米，绑12号左右长把钩，垂钓前准备几副串钩，一旦遇到钩线被绞乱可随时更换。每隔13厘米挂1只钩，每串绑3～4只钩即可，两头各用一个连接扣和圆环固定。终端配40克带有系线环的坠，上端加1个20克的压线坠，以使串钩甩到目标后贴近塘底表层。

●（三）钓饵●

钓饵用大平2号蚯蚓，如小杂鱼多闹食时，可在1、2只钩上挂鸡鸭肠。海竿操作手法和使用糟食操作方法相同。

●（四）钓位●

钓点选择在水底有石块、树根、水草的地方，不要离岸太远。

●（五）钓法●

河鳗上钩后会拼命挣扎，而且力气很大，稍不注意就会将整个串钩搅乱。因此，河鳗一旦上钩后，就要迅速提竿，并将钓线绷紧往回收，不要让河鳗绞到邻近钓线上。到岸边后要立即提上岸，以防其尾巴卷住岸边障碍物而断线跑鱼。河鳗黏液特别多，用手很难抓住，因此，在河鳗提上岸后，一手抓住海竿绷紧钓线让河鳗悬空，另一只手用事先准备好的旧布将其包住，抓紧颈部摘钩。如钩吞得较深，应迅速剪断子线。用串钩垂钓河鳗尽量少用抄网，如遇到500克以上较大河鳗确实需要用抄网时，应将抄网从鳗鱼尾部抄进（如从头部抄，其他串钩容易挂网使河鳗挣脱而逃），并迅速提离岸边摘钩。海竿抛出后过几分钟未上鱼，就轻轻将线收回1～

2 米，以引鳗上钩。如较长时间无动静或小杂鱼多闹食时应勤换钓饵，钓获的河鳗最好不要放入普通鱼护，应用布袋或编织袋装，以防逃脱。

此外，除手竿钓河鳗还可于夏天的傍晚，在河边 1 条木船上垂钓，把 20 ~ 30 条青色大蚯蚓用粗线扎在一起，绑在 1 根短竹头上，形似小拖把，挂在船沿的水下。竿头一有震动，即需在船边河面上放下一只空木盆，然后把扎有大蚯蚓的竹竿头握在手上，放入河中缓慢的上下移动，一旦发觉竿头上有了阻力，立即将竿头提出水面，咬着蚯蚓的鳗鱼，马上会松开嘴巴，企图逃脱，但已落入木盆了。

67. 青虾有哪些生活习性?怎样钓青虾?

河青虾又称日本沼虾，俗称河虾、草虾。沼虾头胸甲有触角刺与肝刺，大颚须分 3 节。我国常见的为河虾，体长 4 ~ 8 厘米，体呈青绿色，因此又称青虾（图 23）。另一种罗氏沼虾个体大。虾属在动物学分类上属于节肢动物门、甲壳纲、长臂虾科。虾肉质细嫩，肉味鲜美，营养丰富，为一种高蛋白，低脂肪的食品，还有补肾壮阳功效。青虾是我国一种重要的淡水经济虾类。青虾生活于湖泊、渠河、塘坝、水库、池沼当中，喜栖居于近岸水草丛，如春季多栖息于沿岸浅水区；夏季多潜栖在深水处；冬季水温降低常潜伏于水底，夜晚出来爬行、游动和觅食。幼虾以水中浮游生物为主食；成虾以水中底栖小型无脊椎动物、鱼类等小动物尸体、水生植物碎屑、多种丝状、藻状等为食，以 4 ~ 10 月摄食旺盛，但气温下降到10℃以下很少摄食，并进入越冬阶段，待翌年春季气温回升游至沿岸浅水区觅食。青虾多在夏季交配产卵，每次产卵数百至千粒以上，卵不是直接产在水中，而是附着在母虾体游泳足的刚毛上，一直到幼体孵出。刚孵出的幼体通常叫蚤状幼体，经过3～4次脱皮变成幼虾。有些地方已开始池塘养殖。钓河虾的方法有钩钓法、网钓法和设虾篓等。青虾个体很狡猾，用普通鱼钩难将其钓上来，可以采用湖北钓友赵保希的钓虾经验，用无钩钓虾的方法垂钓。方法如下：

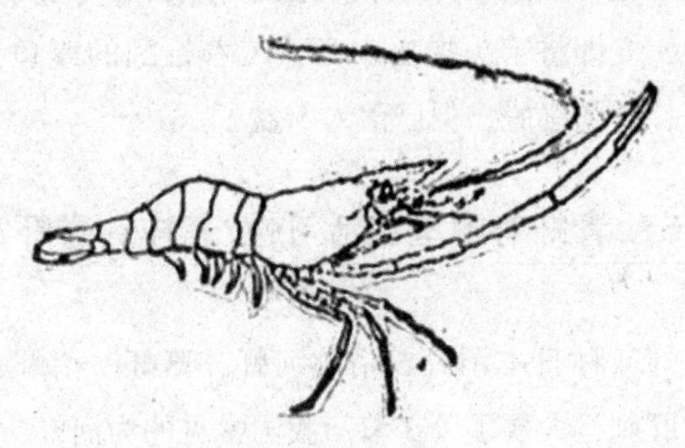

图23　青虾

（一）钓具的配置和钓饵的选择

钓虾不用鱼钩，选择长1米左右的细竹竿（也可以用树枝代替），在竹竿的一端系上1根长1.2米左右的尼龙线，再准备1个小抄网和鱼篓。

（二）钓饵

垂钓时，捉1只小青蛙，将其从腰部截断，去皮，系在尼龙线的末端。如果把蛙肉用酒浸泡1昼夜，效果会更佳。

●（三）钓法●

钓虾不必撒窝，将钓饵直接投入水中。虾一旦见到细嫩的蛙肉就会立即用前足夹住蛙腿不放。几分钟后，轻轻地、慢慢地抬竿，虾就会随着钓饵浮出水面（注意钓饵不要提出水面，否则，虾就会弃食而逃），在离水面2～8厘米时（以看得见虾为宜），一手抬竿，一手持抄网连同虾、饵一齐抄入网中（两手要协调一致）。不必换饵，又可继续垂钓，有经验的钓者一人可掌握七八根钓竿，轮流抬竿。

68. 鳖有哪些生活习性？怎样钓鳖？

鳖俗称水鱼、甲鱼、脚鱼、王八、团鱼、圆鱼。在动物学分类上属于爬行纲、鳖科。是我国淡水分布最广的一种水生爬行动物。鳖的全身均可利用，鳖肉不仅味道鲜美，营养丰富，而且蛋白质含量高，并含人体必需的多种氨基酸，为一种高蛋白低脂肪的滋补食品。鳖的贝甲中药名鳖甲可以入药，具有滋阴潜阳、镇静、软坚、散结、退热除蒸的作用。鳖外形扁平，椭圆形，头部可缩入甲内，背部黑绿色，散有黑点，腹面白色，四肢扁平，趾间蹼膜发达（图24）。鳖栖息于江河、湖泊、池塘、水库和较大的山溪中。鳖不像鱼那样用鳃呼吸，而是用肺呼吸空气，故常要将鼻伸出水面吸气。正常情况下，每20分钟左右吸一次气，气温越高，它吸气的次数就越多。有时它也浮在水面上，或者爬到岸边的岩石上晒盖。鳖胆小，喜安静环境，稍有惊动，便很快进入水中。鳖喜食动物性饵料、小鱼、泥鳅、虾、贝类、蚯蚓、昆虫及

图24 鳖

禽畜的血和内脏。鳖十分喜食蚌肉，它口裂深，嘴能张得很大，上下颌有角质板齿，用以捕捉和压碎贝类。鳖也吃瓜皮、黄瓜、豆类等植物性饵料。鳖属变温动物，生活适温为17~32℃，最佳温度为28~30℃，此时觅食频繁，生长也快。15℃以下时，开始钻进水下的泥沙中冬眠，呼吸微弱，不吃不动，靠体内贮存的营养维持生命。如果水温在32℃以上时，随着温度的不断升高，摄食量也相应下降。鳖在生殖期（多为5~8月），由于体内需大量的蛋白质、脂肪，故食量大增，几乎是能吃的东西它都来者不拒，可以说夏秋两季是一年中钓鳖的黄金季节。水质清洁泥沙中，其生活规律为“春天发水走上滩，夏日炎炎柳荫潜，秋天凉了入石洞，冬天寒冷钻深潭”。卵生，5~8月为繁殖期，夜间上岸活动在泥沙松软，背风向阳，有隐蔽的地方，用后肢掘成深约10厘米的坑产卵，产后用泥沙覆盖在卵上面。钓鳖方法简介如下：

●（一）钓鳖时间●

钓鳖受季节的限制，立夏以后甲鱼开始咬钩，小满至立秋甲鱼见活跃、是钓鳖的大好时机。立秋至秋分，鳖开始作越冬准备，这个阶段鳖很贪食，这一个半月内是钓鳖的黄金时期。寒露以后就很少能钓到鳖。

●（二）钓具●

中号长把钩，钩尖要锋利。主线用直径0.5毫米的尼龙线，脑线最好用尼龙丝线，以防被鳖咬断。另备抄网和摘钩器。

●（三）打窝●

诱饵可采用虚实结合的办法。实用鸡肠子、狗肠子、牛骨头，用密眼网布包起来；虚用鲜猪、鸡血，用密眼网布包起来，在水里缓释散发，这样可以较持久地吸引鳖进窝咬钩。钓鳖的饵料：用大蚯蚓、生猪肝、虾和鱼肉丁最理想。以上诱饵可切成一厘米见方的长肉丁装在钩上垂钓。

●（四）钓位●

可选有外水流入的湾子，岸边石砬附近的缓坡沙滩，水色发暗的深滩、汀等地方往往能钓到鳖。早晚天气较凉，鳖都在河中间活动，可以把钓钩投得远一些。中午天热，鳖要上岸晒太阳，可以把钓钩投在离岸60~80厘米地方垂钓。要注意在垂钓时人应该尽量远离水面，最好以河塘边的草丛或小树作隐蔽物，不让发现有人。

●（五）钓法●

鳖生性多疑，咬钩具有试探性，遇到不常见食物先试看有没有危险，钓鳖看浮漂反应，有微动时，鱼漂会出现一颤一抖，很像小鱼闹饵，然后下沉，但下沉速度比草鱼、鲤鱼慢。如果垂钓者急于提竿会将鳖窝内的鳖吓跑空钓。鳖喜欢将捕获的食物拖到安静处食用，鳖咬钩慢拉慢拖，看到沉在水下的漂向前方动，这时会出现“黑漂”、移漂的现象，此时迅速提岸便可钓到鳖，中钩后的鳖不会立即离开水底，出于本能，它会用四爪抓地，人感觉到是挂钩了，把鳖拖上岸以后，可踩住并用手竿插其脖颈摘钩。

二、常见海水鱼垂钓技法

69. 梭鱼有哪些生活习性？怎样钓梭鱼？

梭鱼，学名赤眼梭鲻，民间俗称斋鱼、红眼鱼或棍鱼。在鱼类分类学上属于鱼纲、鲻科。鱼肉味鲜美，鱼体长 50 多厘米，头宽稍平扁，口端位，上颌中央具一凹陷，下颌前端具一突起，体近圆筒形，银灰色，银上缘红色。背鳍 2 个（图 25）。梭鱼怀卵量较多，40 厘米的亲鱼怀卵 30 万粒左右，60 厘米的亲鱼怀卵达 210 万粒以上。由于繁殖力强，鱼苗易得，生长快，为我国华北沿海地区主要港养对象。亦可在鱼塘、山塘、水库等淡水域养殖。梭鱼在咸水和淡水中均能生活，栖息于近海及河口，有时进入淡水。该鱼喜欢在水域底栖生活，杂食性，喜爱吃鞭藻、绿藻、轮虫、沙蚕、蚯蚓及泥沙中的无脊椎动物和有机物。性活泼，善跳跃，喜成群溯游，涨潮时，成群结队赶潮水进浅滩觅食。此时可打窝，留住鱼群。梭鱼的钓法如下：

图 25　梭鱼

●（一）钓梭鱼时间●

每年 4～5 月和 8～9 月是钓梭鱼最佳季节，宜钓早晚，钓涨潮，钓雨前雨后。秋季到小雪也是钓期。

●（二）钓具●

钓梭鱼，可用手竿、海竿、插竿等。常用 6 米以上的手竿。海竿或加绕线轮虽然能甩很远，但钓梭鱼海竿不如手竿，投竿下线和提竿上鱼都要尽可能垂直上下。海竿太短，做不到这点，只能甩到远处再往回拉到靠近密集圈的边缘，进不到密集圈里面，影响上鱼率是明显的。用小型、中型浮钩线太粗，由于梭鱼个体不是太大，用 3～4 号线即可。串钩钩多，水线长，用大漂浮漂。

●（三）钓饵●

钓饵用玉米面窝头混合酒糟揉成团，也可用面粉混合炒香的米糠、豆渣、酒糟等。还可用蚯蚓、小虾、沙蚕、海蛆等钓饵。

●（四）钓位●

钓梭鱼的钓位，可选用湖湾、鱼塘出水口、江河藻类丛生的水域、水库凹坑水域、湾汉口处、近水域等。

●（五）钓法●

海钓梭鱼用游动钓、扎堆钓，不是守株待兔式的老待在一个地方，垂钓待一会儿就换一个地方，主动试探寻找鱼群。水上漂、水上鱼饵适用于梭鱼。这样做能留住鱼群。手竿的浮漂拖动，下沉可拖竿。海竿铃声连响可提竿。提鱼上岸的过程中切不可碰着什么东西。不碰东西时梭鱼挂在空中一动也不动，一碰到东西立即乱蹦乱跳。梭鱼嘴脆嫩易破裂三蹦两跳鱼嘴就破裂，这时鱼钩再好鱼线再粗都没有用了。钓中大型的梭鱼，其冲击力大，爆发力强，游速又快，因此，要及时放线，耐心遛鱼，不要和大梭鱼形成“拔河”式，以免线断大鱼逃走。

70. 六线鱼有哪些生活习性?怎样钓六线鱼?

六线鱼又称海黄鱼、黄鱼、小黄鱼。六线鱼在鱼类分类学上属于鱼纲、六线鱼科。它肉味鲜美，营养丰富，为北方沿海的食用小型经济鱼类，它与南方所称的黄鱼有些相似，但非同一鱼种。体延长侧扁，口前位，两颌牙细小。头上无棘手和棱，第 2 眶下骨后延为一骨突。体被栉鳞或圆鳞。侧线 1 至数行，背鳍连续，具一缺刻。（图 26）。六线鱼科共有 3 个品种，即斑头鱼、六线鱼和长线六线鱼。斑头鱼的主要特征为侧线每侧只有 1 条。六线鱼的主要特征是第 4 侧线伸不过腹鳍的后端，亦不分叉，第 1 背鳍上方有一显著棕色大斑。长线六线鱼的主要特点第四侧线伸到臀鳍中部上方，背鳍鳍棘部有许多棕黑色小斑。六线鱼主要分布我国北方的黄海北部和渤海沿海的半泥沙、半沙、砾质的浅海底，纯食肉性杂鱼。早春时喜结群栖息在浅海礁的石缝或窟窿阴暗处，平时一动不动或到附近草丛中游弋、觅食，发现食饵迅速扑向食物，而后再返回原来的地方。由于六线鱼在近海生活，数量多，贪食，是初学海钓的对象。

图 26　六线鱼

（一）钓六线鱼时间

钓黄鱼的季节多为 3～5 月，10～11 月。

（二）钓具

根据钓位与钓法不同选用不同型号的钓具。例如海滩钓钓竿用长 4～4.5 米中调竿，配中型绕线轮，用直径 0.35～0.4 毫米、长约 100 米钓线；用中号钩（钓组采用坠上双钩），坠重 100 克左右。手竿钓用长 6～7 米中调竿，钓线和钓钩同上，用吊锤坠上下两钩，不用浮漂。礁头和防波堤的投钓因钓钩不需要投得很远，钓竿可选 2.4～3.9 米长的软钓竿。钓线的前端接一个转环，在转环上接一段 1 米长的中线，中线前端再接一个圆环，而后再接一个转环，同钓钩相连。

船钓用海竿长2米左右，无需远投，其余钓具与滩钓的钓具相同。

●（三）钓饵●

六线鱼食性很广，诱饵用牡蛎、藤壶等；钓饵可用沙蚕、小鱼虾、贝类肉等。

●（四）钓位●

根据钓点的地理位置和钓法选择钓位，找不到好的钓点，钓上鱼来的可能性很小。因此要选在近海的海湾处，江河入海处或长有水草凸凹不平的海滩。如采用船钓划至岩礁区，找岩礁的一侧，礁洞、各种障碍物周围。

●（五）钓法●

选择好投点之后，把钓钩投到那里。可利用黄鱼具有遇到饵就奔向饵料，一旦咬到饵料又很快返回原地的习性。不应过早提钩。觉得钓竿状态有变化可能是鱼上钩，要快点收绕线轮，中间不应停顿，如果让鱼把钓钩等拖到障碍物中，钓线将收不回来。较长时间钓竿没有变化，可稍稍动动钓线。

71. 鲷鱼有哪些生活习性?怎样钓鲷鱼?

鲷鱼在鱼类分类学上属于鱼纲、鲷科。鲷鱼是一种浅海近岸暖温性底层的经济鱼类。肉质佳美，富含蛋白质和脂肪。鲷鱼有很多种，如里鲷（又称乌颊鱼，海南称为黑立）、真鲷（又称加吉鱼，铜盆鱼）、黄鲷和长棘鲷等（图27）。我国海域中的鲷鱼，南方以黑鲷为多，北方以真鲷为多。黑鲷长达

30 厘米以上，口较小，体高而侧扁，灰黑色，具银光体侧常具黑色条纹，体被栉鳞。真鲷体长 50 厘米以上，头大口小，体高而侧扁，呈长椭圆形，体被栉鳞，背鳍和臀鳍具硬棘。它们喜栖于泥沙质或沙砾质的浅海区。鲷鱼的食性因品种不同而异，例如，黑鲷主食小鱼虾，兼食贝类和环形动物等；而真鲷主食贝类和底栖动物，兼食小鱼虾等。鲷鱼极贪食，但咬钩有随海洋潮汐流而游的特点，尤其是黑鲷活动与潮汐关系非常密切。大潮大咬钩，指农历初一和十五前后几天的午夜和中午前后来潮涨未平的时候咬钩特别频繁，可伺机钓鱼。小潮小咬钩，指潮水退平时鲷鱼随潮而去。无潮无鲷咬钩。

图 27　鲷鱼

真鲷活动范围比黑鲷狭得多，它出现在水深 30～200 米的近海岩礁周围，不会随潮水进入港湾。

（一）钓鲷时间

海洋潮汐来时黑鲷纷纷靠岸，因为潮水一动海底各种小动物活动为黑鲷提供食饵。一般来说，岸边钓法在刚涨潮、开始退潮以及退至三分潮的时候是垂钓的最好时机。黑鲷四季钓获量无大差异，而真鲷冬季钓获量不及夏秋夜钓。

●（二）钓具●

夜间岸边垂钓不宜用带绕线轮的海竿，最好用不带浮漂的手竿，竿长5~5.5米，有3节，末节要富有弹性和韧性，尼龙丝线径约0.7毫米，扣接在竿梢尼龙圈上。

●（三）钓饵●

钓饵是钓获量的关键，沙蚕和蟹肉为最佳选择，其次是鲜牡蛎肉和鲜虾肉。当前滩涂少，沙蚕已很难挖到。因此，使用蟹肉较为普遍，但用蟹肉和壳很难分离，唯有一种将要脱壳而未脱壳的青蟹，其壳很脆，去壳容易，将去壳的蟹肉剪成指头大小，用纱线将蟹肉绑于钩上，钩尖不要外露。钓海鱼一般不使用诱饵。

●（四）钓位●

黑鲷在潮汐来时纷纷靠岸，在防波堤和渔港的码头周围要有礁石和附着生物，要有一定的水深，涨、落潮时都能形成一定水流的地点都可以钓到鲷。船钓可用短竿或直接用手线在岛山与周围巡钓。钓真鲷一般选在有真鲷活动的水深30~200米的近海岩礁周围垂钓。

●（五）钓法●

岸边钓，这是比较普遍和常见的钓法。这种钓法一般适用手竿或海竿将钓饵抛到鲷鱼洄游觅食的地方（主要是长有牡蛎、藤壶、小海螺和藻类的礁石旁或石堤边），让鲷鱼吞食钓饵而钓获。真鲷贪食慎重，对钓饵多疑，咬钩会多次试探，

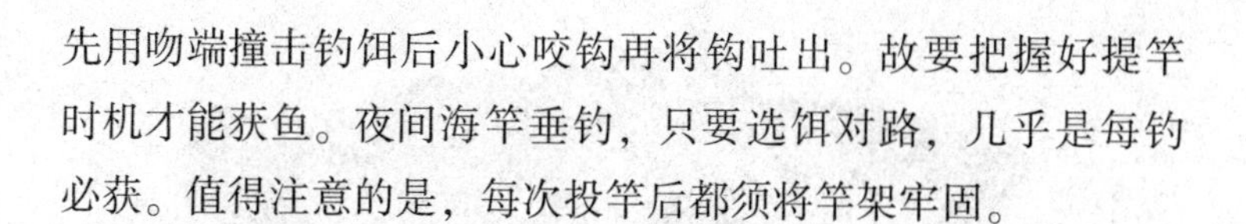

先用吻端撞击钓饵后小心咬钩再将钩吐出。故要把握好提竿时机才能获鱼。夜间海竿垂钓，只要选饵对路，几乎是每钓必获。值得注意的是，每次投竿后都须将竿架牢固。

72. 石斑鱼有哪些生活习性?怎样钓石斑鱼?

石斑鱼俗称绘鱼，又称鲐鱼。在鱼类分类学上属于鱼纲、鳍科，是一群暖水性的大小型海产鱼类。石斑鱼是种肉质鲜嫩、味道甘美、富有营养的海水鱼类。体中长（热带石斑鱼个体较大，重达 40 千克，温带地区石斑鱼约 2 千克以下），侧扁，色泽变异甚多，常呈褐色或红色，并具条纹和斑点，口大，牙细尖，背鳍和臀鳍棘发达（图 28）。常见品种有红点石斑鱼、青石斑鱼和网纹石斑鱼等。我国沿海均有分布，但以浙江、福建、广东产量最大。石斑鱼是近底层鱼类，喜栖息于海岛礁洞、岩礁丛生或沙砾底质地带，定居性强，一般不作长距离洄游，只是随着海水温度变化在所栖息的海区内作深浅移动。秋季沿海水温下降移向 40 ~ 80 米深水区。春暖之时移居浅水区。但高龄鱼则常年滞留在深水礁中生活。石斑鱼喜清水，在水质清澈的海岛礁洞栖息，风微浪小时游出洞穴觅食，石斑鱼为肉食性凶猛鱼类，常以袭击方式猎食小鱼虾等。石斑鱼畏风浪，一有较大风浪就潜入礁底层岩洞中躲藏。每年 4 ~ 6 月产卵。冬春季节水温低，钓鱼就困难。石斑鱼钓法如下：

（一）钓石斑鱼时间

石斑鱼在春季和夏季移至浅水区（水深约在 20 ~ 30 米）

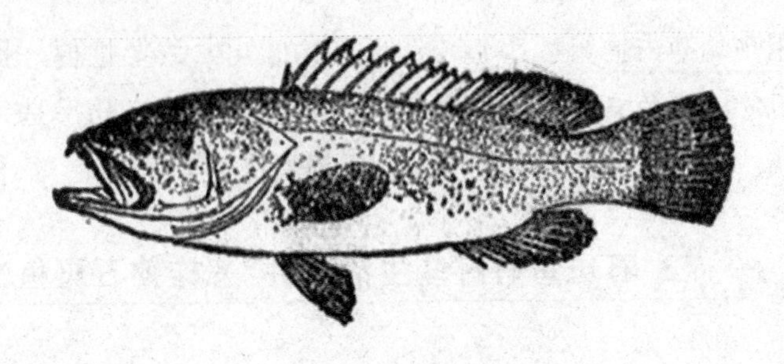

图28　褐石斑鱼

生活。石斑鱼4～6月繁殖期钓获率相对较差。6～9月产卵后食量大增，都是最佳的钓鱼时机。1天中以夜间和晨昏的钓获率相对较高。

（二）钓具

钓具宜用手钓结构。即由一条长几十米的长手线，末端结有转环、沉锤和钓钩。采用手钓结构较能适应渔场深浅变化，深浅水域均能可使用。钓线用40～60磅尼龙绞丝作手线，末端结1个长1米左右的不锈钢丝做钓线，钓钩用19～21号不锈钢丝钩或用8～12号铁丝钩，沉锤用铅或锡粒制成50克左右。

（三）钓饵

石斑鱼的嗅觉和味觉都比较敏锐。性虽凶残，但并不贪吃，对钓饵比较挑剔。它对失去活力的钓饵，只要稍不新鲜就不吞食。因此，选用的钓饵一定要是活食。以活虾、活泥鳅为最佳。以小鱼虾为钓饵，使用钩尖刺入鱼虾尾部，以使饵保持鲜活游动，才能诱石斑鱼上钩，提高上钩率。

（四）钓位

钓鱼地点一般要选择在水清、浪小、流缓的岩礁群区或沙砾弥布的海区，在水深40～50米处可钓到个体较大的石斑鱼，浅水区钓到的石斑鱼通常较小。娱乐性钓鱼主要在近岸港湾、海岛周围。

（五）钓法

钓石斑鱼的方式有船钓和岩钓两种，船钓钓船选用小舢板即可，使用手线钓组是生产性捕钓的手段。岩钓使用抛竿，选用加强型的超硬钓鱼竿和强劲绕线轮，拽力钮的控制应旋到极限，这是因为鱼的冲击力过大会损坏钓具。

石斑鱼咬钓有先叼后来吞的特点。由于石斑鱼具有尝味的特性，通常食饵时要先衔钩在嘴里尝味后，会急速后退至确认是可食之物后才吞食。因此，钓竿虽明显下压、手感明显，钓钩被突然拖走时，切勿急于收起钓线和扬竿，相反地应适当放松钓线下坠，以让其充分吞食钩住鱼唇后再收线起鱼。另外，石斑鱼视觉较迟钝，钓捕中需不断反复用手上下提拉钓线，以增强钓饵引起鱼的注意。石斑鱼钓后渔获处理要及时。石斑鱼被提离水面后，需及时采取穿透腹腔排气措施。具体方法是鱼平卧甲板或地面后，立即将事先准备的10厘米长钢针由胸鳍掩住的鱼体内侧向腹腔刺入2～3厘米深，以穿透腹腔排气。因为这样做是鱼由深海水提出后水压发生变化，出水后若不及时排气，会使其气胀而死。

73. 马鲛鱼有哪些生活习性？怎样钓马鲛鱼？

马鲛鱼又名鲅鱼。在鱼类分类学上属于鱼纲、鲅科，为热带和温带海洋中的一种食用鱼，我国沿海均产。鱼肉质鲜美，细密，色白，营养丰富，并具有补气、平咳作用。肝可制鱼肝油。马鲛鱼体延长，侧扁。体色银灰色，具暗色横纹或暗色斑点。吻尖突，口大而斜裂，牙侧扁且锋利，上下颌大部分30～50厘米，体重在400～2 000克，最大者可长达1米以上，重近20千克。其形状为流线形。细麟小且退化，背鳍2个，第2背鳍及臀鳍后部各具7～9个小鳍（图29）。种类很多，常见有中华马鲛、蓝点马鲛和斑点马鲛等。马鲛鱼属中型海产中上层洄游性鱼类，每年的6月下旬～10月中旬结伴洄游至沿海水域觅食，9月中旬～10月中旬为旺食期，常游弋于岸边及浅水处追食。鲅鱼性情凶猛，游速极快。在觅食时常蹿出海面，似猎豹般追杀猎物，大连地区钓友称此现象为鲅鱼“起排子”，意为有大群的鲅鱼来临。

图29　马鲛鱼（马鲅鱼）

(一) 钓马鲛鱼时间

选择风力在4级左右（最好是西南风或西北风），大潮汐的早晚时间，即太阳升起或拂晓，或傍晚太阳落山及黄昏时机。

(二) 钓具

带旋压式鱼轮的3米左右超硬调海竿一支（或竹制硬竿、齿形盘轮也可），主线线径0.6毫米。线径0.3~0.4毫米长约400毫米钢丝绳一段作脑线，钓钩为大型钩，长度120毫米，钩门宽度为30毫米。

(三) 钓饵

钓饵为拟饵，可用河豚鱼皮或白色塑料布制作，用细绳绑于钩后部、钩把前部，把钩藏于其中。

(四) 钓位

钓点选择在水质清澈、有浪花翻起的钓点。

(五) 钓法

钓法多采用矶钓的“抛钓”，船钓的“拖曳钓”及养殖筏区内的“悬浮钓”等。

1. 矶钓的抛线钓法

矶钓采用手竿抛线钓法是比较实用，马鲛鱼多不肯近岸用抛竿抛向100米左右远处海面，当钓线落于水面下约2米左右，立即将竿头下压指向海面，同时以匀速摇动鱼轮手柄或回拨齿形轮收线，使拟饵由于重力加速度，形似小鱼游弋以诱鱼追杀。如线收至近前无鱼上钩，需再将线抛出，收线，直至诱鱼截食吞钩。同时，要注意随时观察。

钓鱼在大连地区又俗称“甩鱼”，因其施钓时钓感刺激，吃钩迅猛，较一般海鱼个体大，并且在钓技上较其他鱼类钓法要有所难度，钓者必须把握好鱼咬钩的提竿时机，提竿过早或过迟都会脱钩跑鱼。在轻提巧拉逗引鱼上钩时，若手感颤动，就是鱼儿上钩。钓者必须沉着、毫不慌乱，迅速提竿拉起，同时左手托篓去接，鱼儿入篓一翻滚，变自动脱钩。上好钓饵又可继续下钩。

2. 马鲛鱼船钓

早晚时间驾轻舟驶近海，用抛竿系于船舷或船尾，底砣上方悬5~8只鱼钩，装小鱼或模拟饵。船行时速一般在5海里左右，钓饵在海水的上层波动漂流，马鲛鱼见鱼钩模拟鱼饵便扑抢食饵吞钩，由于其体型较大，力气也大，此时需要及时控制自动放线装置，及时放线，避免线断鱼逃。如用抛竿钓，在抛出线后慢慢抽动收线，使钓饵在海水中移动可诱鱼抢食吞钓收鱼，采用近海甩钓法垂钓效果较好。

74. 带鱼有哪些生活习性?怎样钓带鱼?

带鱼又称刀鱼，牙带鱼，俗称带条鱼。在鱼类分类学上属于鱼纲、带鱼科。肉质肥嫩，营养丰富，中医认为，带鱼肉性温，味甘咸，有暖胃、补脾、润肤、益气功效。是我国主要经济鱼类之一，与大黄鱼、小黄鱼和乌贼并称我国四大海产，年产量居我国海产鱼类之首。体侧扁，呈带形；尾细长，呈鞭状，长可达1米多；银白色，口大，上下颌每侧有侧扁尖锐的牙齿1列，上颌前端有钩状犬牙两对，下颌突出，前端有犬牙1~2对；侧线完全，在胸鳍上方显著向下弯曲，折至沿腹部向后延伸；背鳍很长，前起于前鳃盖骨上方，延至尾端。胸鳍小，无腹鳍，臀鳍鳍条退化呈短刺状，鳞退化为银色粉末状细片；尾鳍消失，体银白色，背鳍及胸鳍灰白色，具小黑点，尾暗色（图30）。带鱼是海洋暖水性水域的四大鱼类之一。

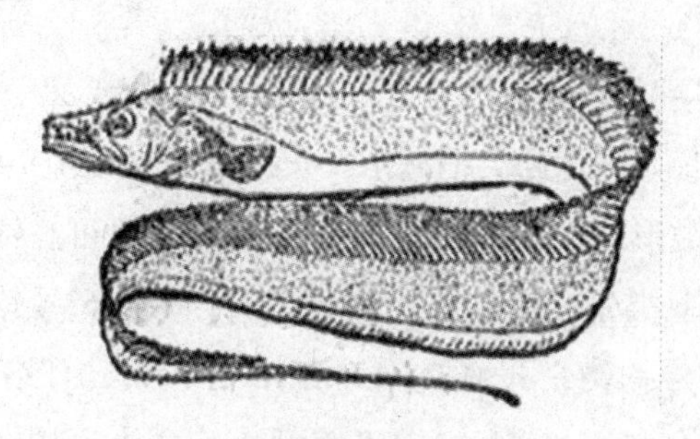

图30　带鱼

带鱼具有昼夜垂直移动的习性，白天结群栖于水域中下层，夜晚游升到水域表层，喜微光，畏强光，性凶猛，贪食鱼类、毛虾、乌贼等。带鱼还有集群洄游的习性，在东海和黄海，带鱼通常在初春时结群北上，进行生殖洄游，生殖完毕以后在近海索饵。冬季冷空气南下，气温和水温下降，它又集成大群返回南部水域越冬。

●（一）钓带鱼时间●

在我国东南沿海，每年秋季，大量的带鱼向近海移动，并向南游集，翌年1~2月到达福建、广东沿海，是矶钓和岸钓的大好时节。钓带鱼须在黎明和黄昏时将钓饵下到水的中层处。根据带鱼生活习性施钓方法如下：一旦发现鱼群，往往接连上钩，频频得手，应把握时机，抓紧施钓。垂钓带鱼还必须注意时令和昼夜变化，冬天钓南部海域，夏天钓北部海域。因为带鱼白天一般躲在海底有泥沙的地方和多岩石的地方栖息，黎明及黄昏才游到中层觅食，所以白天钓底，夜晚钓浮，在黎明或黄昏时将钓饵下到水的中层，唯此才能增加钓获量。

(二) 钓具

钓竿最好选用硬尖梢海竿，长度最好在 1.7 ~4.2 米。最好配备大鼓形绕线轮，使用纺车形绕线轮也可。钓钩最好采用长把中型类别，诸如国产鹤嘴形 113 ~116 号钓钩，环形 412 ~415 号钓钩，丸袖形 713 ~716 号钓钩，日本产的 HHH 鲽鱼专用钩 14 ~16 号、HHH 倒刺鱼钩亦可选用。钓线可选用4 ~8 号优质尼龙线，日本生产的“将鳞”也较理想。绕线轮贮线最好在百米以上。在钓线上最好套上圆形或辣椒形浮漂，用棉线止滑。如果想调整浮漂高低，只要在棉线上打个结就可以了。钓钩上方套上枣形或椭圆形铅砣。如果钓点较远，水流较急，可选用较重的铅砣；如果钓点较近，水流缓慢，可选用较轻的小号铅砣。垂钓带鱼最好使用组钩，即一线多钩。这是因为这种鱼吃食较猛，吞钩较死，喜欢合群，往往一次能有好几条带鱼上钩。也有的时候，一条带鱼上钩后，另一条带鱼咬住上钩带鱼的尾巴，一起被提拉上岸。所以，发现鱼汛后，应大力合作，并一鼓作气把它拽上岸来。

(三) 钓饵

垂钓带鱼的钓饵，多使用河虾、小杂鱼、小泥鳅之类的所谓动作性鱼饵。挂钩时，应使其保鲜、保活为原则，惟此才能提高其带鱼的上钩率，收获量方可更大。

（四）钓法

在防波堤抛钓或矶钓时，钓竿应长些；在近海船钓时，钓竿应短些。钓竿长，投钩甩竿就远些；钓竿短，自然适宜在船上操作，靠船的移动带着钓饵运动。垂钓带鱼，不必时常抖动、提拉钓线，应静静等候，一旦发现鱼汛传来，当感到有鱼在咬钓饵时暂不要惊动它。等它吞下钓饵再用力拉一下钓竿使鱼钩能钩得更牢些。钓带鱼的关键是采取速决战，可用力一下子将带鱼提上岸，一旦发生脱钩跑鱼现象，很可能要惊散鱼群，应及时转移钓点，以避免无效劳动。带鱼有群居性。如果在海底就都在海底，决不单独出来活动，应记住带鱼所在的水层深度，钓到一条带鱼后就继续钓下去，直至没鱼吃钓饵为止，钓带鱼要充分利用带鱼的这一习性。带鱼出水就死，所以，钓上带鱼后，应立即放进鱼护，浸入水中。最好携带冷藏箱，将钓获的带鱼及时放入箱内贮藏、防腐、保鲜。

75. 乌贼有哪些生活习性?怎样钓乌贼?

乌贼俗称墨鱼，鱿鱼或墨斗鱼。动物分类属于头足纲，乌贼科。是生活于海洋的深水中的软体动物。乌贼胴体部呈长椭圆形，胴体长 20 厘米，左右对称，体分头、颈及躯干三部分，头部发达，两侧有眼 1 对，前端中央有口，躯干部宽大，背腹略扁平，呈椭圆形，侧缘绕以狭鳍。头的前端生有腕，其中，有 1 对触腕较长，其他 8 腕较短，体腹面有一漏斗管通入体内外套腔（图 31）。我国沿海北常见有金乌贼和无针乌贼，南有枪乌贼等。乌贼肉厚味美，营养丰富，肉又鲜又嫩，或炒或烹，还能做出许多花样来，为一种海鲜佳肴。乌贼体背上有根白色扁平介壳，通称为“乌贼骨”，中药称为海螵蛸，可用来治很多病；皮肤科和耳科疾病、面部神经疼、胃溃疡、胃酸过多、消化不良、小儿软骨症等；外用可治创伤出血、下肢溃疡久不收口和阴囊湿疹等。在古代，人们还将乌贼骨烤干、磨成细末，制成珍珠粉作美容剂。乌贼用来自卫的墨汁，也是很好的药物，中医处方称乌贼墨，是一种全身性止血药，可治各种出血，如子宫出血、消化道出血、肺结核咳血、支气管咯血、小便尿血、鼻出血等均有效。乌贼在我国沿海的辽宁、山东、浙江、福建等沿海地区均有分布。

图 31 乌贼

乌贼是生活在热带外海深水中下层的软体动物，甚至栖息在深100米的海底，但也常有垂直移动，早上和傍晚常群集在水上层。平时它依靠身体后部三角形鳍作波浪或缓慢运动，如遇到鱼、海肠等动物，感到危险或追猎食物时就猛烈收缩外套腔。体腔中的水通过腹前漏斗管喷出时，利用喷水的反作用力在水中推进游动，具有高度的灵活性，同时乌贼腔门附近有1个墨囊，囊内有墨腺，遇敌害时放出墨液扩散成为一片弥漫的烟雾屏障，使自己趁机迅速潜逃。乌贼平时喜欢捕食小型水生甲壳类动物、软体动物和小鱼虾等，捕食动作非常迅速准确。此外发生异情时，乌贼背部具有丰富的色素细胞和明显的斑纹，其剧烈的变化不仅威吓敌人，还有助于乌贼摄食。乌贼也有同类相食的习性。每年冬季向南方游返越冬场所的深水处越冬。乌贼雌雄异体。每年春夏季一般在5月，已达性成熟的雌雄乌贼由深海游向浅海内湾进行生殖洄游。垂钓者要依其生活习性钓乌贼。

（一）钓乌贼时间

钓乌贼一般在夏末秋初时节，这时乌贼成群结队地游向近海浅水地带，不用泛舟，只在码头、泊船上便可垂钓。钓乌贼多在白天进行，在水草较多的岛礁和岩崖处施钓。

（二）钓具

钓乌贼不用钩，只用铅笔芯般粗细的钢丝磨制成一个4～6厘米长的小铁锚系上线即可用作钓具。

（三）钓饵

钓乌贼用的钓饵一般使用乌贼最爱吃的虾蛄，也可不用饵，把烟盒里的锡纸取下来，卷到小锚的柄上即可。

（四）钓位

白天选在水草较多的岛礁和岩崖处施钓。入夜，在码头上找个有灯光的地方（船舷旁更好）。

（五）钓法

钓乌贼不能采用撒诱饵的方式，即使撒诱饵乌贼也不来，而只能把钓饵下到有乌贼的地方去钓它。把铁锚抛进水里，手持鱼线不能松弛，须始终绷紧。并以线上下提动。乌贼一旦发现它喜欢的虾蛄等食饵就马上扑过来，用10只长腿紧紧抱住不放（如图31）。锡纸在灯光下发亮使乌贼误以为是小鱼小虾，它会立即上前抢食。这时，凭手感便知道乌贼上钩了，只要乌贼上钩了立即提竿，马上收线，乌贼紧抱着小铁锚不放，所以不会脱钩。水的压力会紧压住乌贼，二只长钩也会深深地扎进乌贼的体内。碰上大鱼群，只管接连往上提，其间又无须换饵的时间，所以收获极佳。乌贼喜欢栖息在深水处，甚至有的栖息在深达100米左右的海底。因此，钓乌贼用的鱼线应使用伸缩变化小的硬质涤纶鱼线，否则效果不佳。

乘船钓乌贼应坐在船头附近，这样操作抛竿绕线器和用力没有障碍物的妨碍，并且船的前方及左右均可下钩。船到目的地后应先钓船的下方，将钓饵放到海底再轻轻抬起，然后突然放下。如果有乌贼它会扑抢钓饵。乌贼上钩时的感觉不同于其他鱼类，只要感到沉甸甸的就是乌贼上钩了。此时就该让绕线器发挥其作用了。如果没有乌贼吃食了，可将钓饵抛得远一点，在广阔的海底找乌贼，钓获时需要注意的是乌贼出水时一定要喷墨，所以要用抄网抄住它并让它在海里把墨汁喷掉，否则墨汁沾在衣服上洗不掉。

第五章　几种高效垂钓方法与技巧

76. 怎样知道水中有鱼？

钓鱼最好先了解水中有没有鱼，有什么鱼，鱼儿稀密程度，常在什么地方聚集等等。这对正确选择垂钓水域、下钩地点、确定钓饵、钓法有重要意义。观察水中鱼情可通过鱼儿活动所产生的一些迹象来判断。方法很多，下面介绍垂钓中经常采用的一些观鱼方法。

●（一）察看江、河、湖、塘水中鱼儿活动的情况●

水清而浅时，常能直接见到鱼情。当气温水温较高时，常见鱼儿跳出水面，特别是每天早晚、雨后、风平浪静时鱼跳现象增多。当鱼儿在某一范围内频繁起跳且移动距离小，说明此地点有鱼类停留、聚集，如果此处多日出现这种状况，则可能是经常适于鱼类停留聚集地区，在其他条件具备情况下，此处是很好的渔场。当浮鱼抢食水面食物、天气闷热、气压低、泛塘或热天下小雨时，鱼也常常浮于水面活动，此时垂钓虽然不一定有鱼吞饵上钩。但是通过观察对这些水域中鱼类的种类多少，可有所了解。

●（二）察看鱼吐出水泡判断鱼情●

当鱼在水中呼吸、觅食出气泡冒到水面俗称“冒星子”(像唾沫星子一样)。由于气泡从鱼嘴中吐出，所以漂在水上较长时间不破灭，而其他水泡出水即灭。此时，垂钓者可通过观察不同鱼在窝点及近旁不断的鼓出大小不一不同的气泡可以判断水底下的鱼种和鱼情。一般鲤鱼吐泡多连续成串，出水后成泡团；鲤鱼吐出唾沫样泡沫片，有时是一条线。草鱼青鱼：在窝点及近旁鼓出大小比较均匀的一串气泡，间隔数秒，又鼓出一串气泡。草鱼体大，相对的鱼星也较大，一般为单个上升，有时会在单个气泡后面上升几个较小的气泡；而且是一个一个地陆续上升。鲢、鳙鱼的鱼星一般是细小密集的气泡，且形态紊乱，范围很大，甚至成片的覆盖整个钓点水面。鲢鱼和鳗鱼在码头乱石从中活动，鱼星连续几粒如绿豆般大小，多呈一条直线。鲫鱼一般为连续两个气泡，水泡大小不齐；鲤鱼游动较快，并伴有小水泡冒出；草鱼受惊后鱼游动速度较快，伴有“唰”的响声并带有一溜水泡。黑鱼鲢鱼：在窝子周围边游动边鼓出一大路的气泡。间隔几分钟后又是一大路气泡：追赶鱼吃时，气泡很多而密集。鲢鱼为一条气泡，黑鱼多为单泡，有时成团。白条鱼、翘嘴鱼在窝子附近鼓出单个气泡，位子不固定，鱼多时，形成一片散落的泡子。一般气泡较小，黄豆般大小及以下。鳖在水底移动较慢，但伴有一溜水泡上浮。连续鼓一路绿豆般大小气泡，停顿数秒后，又鼓出。鳖在水中受惊下沉后也会吐出水泡。

(三) 察看“翻花”了解鱼情

鱼儿在水中游动碰到障碍物时，常贴近或翻出水面激起浪花，成为“翻花”。另外，当鱼儿在水面活动突然受惊翻身入水时也会出现翻花。春季在草丛中产卵，有时也常可见鱼翻花。经常有鱼翻花的地点，也是常有鱼类活动的地方。当无风水面平静时，见到水面掀起波纹或浪花，特别是呈灰黑色水波，常是由鱼群活动所引起的。如果垂钓地点水草忽然晃动、小鱼忽然惊散，也常是由于水底有大鱼活动所引起的。

(四) 察看“鱼混”掌握鱼情

池塘水中鱼儿受惊常会钻向水底触动淤泥而形成团状的混水上翻，称之为“鱼混”。色与水底淤泥相同。其中，鲫鱼混团抱团，呈拳头大小的单混；鲤鱼为先大后小的双混，较鲫鱼的混分散。除上述之外，垂钓时还应学会判断沼气和地气的水泡：这种气泡连续不断的从水底鼓上来，数量较多，到水面即破裂，一般位置比较固定。

77. 钓鱼者在钓鱼过程中应怎样随机应变才能钓到更多的鱼?

应变能力是垂钓的基本功。垂钓者即使用相同的诱饵，但由于垂钓者各自钓技的差异，在相同时间内其上鱼率的差别往往是很大的。一些人垂钓频频上鱼，有的人甚至毫无收获。因为在垂钓时各种可变的因素很多，任何一种条件的变化，都将影响鱼儿进食。如环境、气候、鱼的品种以及别的原因等，任何一方面的改变都可能影响鱼儿的进食。若仍使用一成不变的诱饵，这时，鱼儿可能离去，自然不会上钩。究其原因，主要是缺乏随机应变的能力。在垂钓时，垂钓者要能根据当时垂钓地的地形、水情和鱼情差异的具体情况，采用适当的应变手段，能够及时的调整诱饵，同时采取有效的垂钓方法和选择合适的钓鱼位置，使之与当时的客观条件相适应，自然钓鱼率就会很高。下面列举一些影响鱼儿摄食的条件，以及相应的垂钓方法。

（一）因气象的变化而异

有的垂钓者对气象变化不太关心，导致在选择垂钓时间和钓位时出现盲目性。气象的变化影响鱼儿摄食，因此垂钓者应根据气象变化，及时调整垂钓时间、钓位和垂钓方法，以提高钓鱼的效率。

1. 因季节变化而异

钓谚云“春钓浅、夏钓深、秋钓边、冬钓阳”，这是随季节变化选择垂钓的基本要领。春回大地，是鱼追逐、繁殖最活跃的时候。特别是初春，东部与西部、南部与北部的天气不同，尤其是直接影响水温高低和回升快慢的气温相差较大。因此，“春钓浅”，对于具体水域来说，只能是相对而言，我国南方，水深为1米左右的区域，一般为首选地段。夏季，一般除早晚外，应把钓位选在深水或有水草、有树荫、背阳的较深水域。但水越深，静水水体的压力越大，超过一定压力，鱼儿不适应；同时，“热时找冷、冷时找热”即寻找相对适温处。夏季气温升高，水中溶解氧随着水温升高而减少，水体中溶解氧量低。水越深，水中溶氧和食物越少。可见，

“夏钓深”也是有一定限度的。秋季气温相差较小，且鱼类此季节或要繁殖，或要越冬，都需要大量营养，吃食较猛，故“秋钓边”，对全国来说，一般都还算适宜。冬天，气温继续下降，鱼儿纷纷向深水聚集，有的钻入泥里、洞里、石缝中冬眠。对于长江以南地区，将钓饵抛向背风向阳的深水区，那些冬季还觅食的鱼儿是不会拒绝的。但某些小区域的水体，虽具备了背风向阳的地段，并不都是首选地段。如浙赣境内，冬天常刮东北风，但每个静止小水域的东北部，虽具备了背风向阳的条件，但食物不足且含氧量较低。而它的下风（东南部）或靠近下风一带却为首选地带，如云南冬天常刮西南风，每个静止小水域的东北部，虽不背风，却也是首选地段。

2. 因气温变化而异

各种鱼觅食都有温度界限（分上、下界限和适宜界限），水温在5～25℃时，鱼儿适宜在浅水、中深水觅食，水温小于5℃或大于25℃时，鱼儿躲进深水，很少觅食或不觅食。水温适宜时，钓位选在浅水或中深水域，不适宜时，要选在深水或水草地带。

3. 因气压变化而异

气压低时，水中含氧量较低，鱼儿呼吸困难，烦躁不安，很少觅食或不觅食，此时应把钓位选在含氧量相对较高的流动水域或池塘的进出水口附近、有风浪的下风、晴天的水草处。气压高时，水中含氧量较高，鱼儿感到舒适而觅食频繁。此时应抓住这一机遇，结合其他因素，把钓位选在有利地段；气压过高，再加上水的压力，鱼类感到不适时，就向相对的浅水区转移，此时钓位就要随机应变。而黄梅季节，气压低，鱼闷气，纷纷浮上来，此时几乎钩无虚掷。

4. 因风力、风向的不同而异

刮风时水面会随风力变化而波动，不但增加水中的溶解氧含量，一些微生物、藻类植物及浮游在水面的昆虫、花粉、杂草等鱼的饵料也会随风刮至下风口。鱼儿随之游到下风口觅食。风天钓鱼时应选在适宜鱼类活动、觅食的2~3级风力、钓位选在风小处，钓有风浪的下风或有水草的迎风面，这些地方水中溶氧量相对背风面高；风大，钓边或有水草的背风面，这些地方相对平静。风力过小，影响水中含氧量；风力过大，6~7级的大风会使水质浑浊，能见度降低，且风浪波及到中、下层水，鱼儿感到不适和惊慌，对垂钓都不利，这时，应把钓位选到鱼儿已转移到的地方去。

不同水域的鱼对风向有不同的反应，而同一水域的鱼对不同风向的反应也不同。因此，刮风天钓鱼还必须四季有别，才能保证钓到更多的鱼。如春天刮东南风，鱼儿会大开胃口，适宜垂钓；夏季刮东风和东南风适宜垂钓；秋季刮东风和东南风适宜垂钓。因为，冬天刮南风起暖急流时，鱼类即使在冰层下也能感受到、并且积极成群游向避风向阳浅滩处觅食，此时下钩，成功率大大高于平时；如果冬季刮西南风时，天气暖和，水温适宜，此时咬钩率高。在大多数季节里，刮北风时钓鱼，在内陆水域或小水面可垂钓，适合在肥水塘钓鱼。不利于鱼儿活动与觅食的风向是春季、夏季的西南风（因为从大陆内部刮的西南风干热，使气温升高，钓鱼效果不佳），特别是夏季刮西南风，气温高，又燥又热，鱼儿不爱活动，大多潜伏于水底或水草隐蔽处。秋季刮西风、北风和西北风，天气变冷，鱼儿食欲下降。总之，不管刮什么风，垂钓者都要考虑其他因素，因地制宜的选择钓位。

5. 阴、晴天气等不同而异

晴天除夏天中午和冬天早晚外，气压正常的夏晨阴雨、细雨天气，除冬天早晚外，都适宜垂钓（傍晚也可以）。较长时间的晴热天转阴，雨过天晴。雨后，暑气全消，清凉天，在转变后1~2天内，鱼儿争先恐后的觅食，这是垂钓的好时机。若中阵雨过后，燥热的空气水体中增加新水，又带进不少氧气，在外界浑水未进水体之前，提竿起鱼，必满载而归；相反，烈日，特别是雷电交加的大暴雨天，鱼儿都隐蔽起来了。

●（二）选择钓位有异●

钓谚云“三分钓技，七分钓位”，“春深夏浅，秋角落。冬钓背风向阳处”，这都是垂钓的经验之谈。选准了钓位，收获有望，否则寥寥无几，甚至空手而归。钓位好坏是由各种因素综合制约的结果，在选择钓位时，既要把握住外界条件及其变化，又要熟知鱼类生活动态规律与具体实际有机的结合起来，才能因地制宜的选出最佳钓位。必须根据不同的制约因素来确定，如小型水库和池塘是垂钓的好场所。然而，由于水面小、水温、水位常因气候变化而变化。对钓鱼者来说，如不能根据情况变化选择好钓位，常常会“乘兴而来，扫兴而归”。

1. 定点钓与走钓

鱼类属变温动物，气候变化对其生理影响很大。随着冬季的到来，气温下降，鱼类的代谢能力降低食欲减退，巡游觅食的范围大大缩小，进食时间短，这时如果采用平时的定点钓，获鱼量会锐减。这时宜于勤走动，采用人找鱼，走钓的垂钓方法。每次选择不同深度、不同离岸距离，选择鱼可能藏身之处垂钓，极易上钩。如无鱼动钩，可换另一垂钓点再试。如碰到钓点鱼很快上钩，且周围有鱼星上冒，说明附近有鱼群，可施定点钓。

2. 钓深不钓浅

钓谚云："春钓滩，夏钓潭，秋钓浅，冬钓深。" 主要是指不同季节所对应的不同钓位。一般的鱼塘和水塘是有深有浅的，无论何时，只要是钓淡水鱼应以深为上。钓鱼者每到一处，应首先了解钓位的水下地形，然后确定钓位垂钓，且短时间内有鱼上钩，多次得到了验证。冬季水面严寒，深水水底温度要高于水面温度，故冬钓易于收获；但也并非冬钓逢水必钓深。夏季，连续几天阳光直射，大面积明水区受到直射，加之水浅，水温升高较快诱使鱼儿纷纷游向深潭。在鱼产卵、发洪水时，鱼儿却常常游到浅滩岸边。所以垂钓者要善于根据不同季节和水的起落变化在"深水四溢找浅滩，浅水范围找深处" 的缘故。另外，钓深与钓浅还要与岸边环境相联系，可见冬钓深与浅应辩证看待。

3. 清水与浑水

钓谚云："看得见的鱼钓不到，钓到的鱼看不见（指钓底层鱼）。" 各种鱼都喜欢清静的水域，在污水里鱼是很难生存的。茶褐色的池塘水、土黄色的江河水、豆绿色的湖泊水，其透明度不超过 20 ~ 30 厘米的是鱼类生存栖息藏身的好环境。随着晴雨天气的变化，水有清有浑，有经验的垂钓者善于“浑中找清，清中找浑”。如在洪水到来的江河沟渠里，有一条小溪流出一股清水，因水中含氧量较高，鱼儿便顺着清水活动。河水清澈，这时人影、杆影映现在水中，鱼类警觉，故应选在人烟稀少、僻静之地。大雨来临有股带泥浆的浑水流入，夹杂着丰富的饵料，这又是鱼争相游食逆水而上的好水道，也是垂钓的好场所。但钓位要根据不同鱼类的生活习性而确定（钓谚云：“深水钓鲤鱼、绿水钓草鱼、清水钓鲫鱼、活水钓鳊鱼。”）。

（三）鱼饵要有适应性

鱼饵有天然饵料和人工饵料，从鱼饵所起的作用可分为诱饵和钓饵，在垂钓时这一方面的因素是不可或缺的。鱼饵的种类繁多，但是鱼的种类不同，对气味的嗜好也不同，如鲫鱼、鲤鱼嗜香；鳙鱼逐臭；草鱼、鲢鱼好酸；鲇鱼、乌鳢爱腥等等。鱼的嗅觉灵敏，多依嗅觉发现食物。钓鱼应根据不同鱼类的食性特点，把气味搞得浓浓的，吸引鱼儿前来觅食，从而达到目的。有些垂钓者，将蚯蚓视为万能钓饵，结果收效甚微。事后方知鱼饵不仅有时间适应性，还有对不同水域和鱼觅食习性的适应性。

（四）钓法因鱼而异

鱼类的种类繁多，不同鱼类对水质和食性要求各不相同。故此，钓法因鱼而异，若采用合适的钓法，则收获甚多，反之钓无所获。下面举实例说明钓法因鱼而异。

1. 钓鲫鱼要动，但不宜常动

鲫鱼视力不强，且多旁视，转身迅速，一般的钓饵看不清楚，如果钓饵提动，则会觅食。鲫鱼摄食特点是发现饵料后先慢慢靠近，俯头抬尾将饵料吞入口中，然后抬头上游，若异常，立即将饵吐出，表现在浮漂上是先抖几下，然后稍微下沉，随机送漂。此时提竿为最佳时机，应迅速提竿。

2. 钓鲤鱼要拖

鲤鱼在水底觅食，喜欢活食，不是静而待之。鲤鱼性情狡猾，它们发现食物后不会马上吃饵，确定没有危险后，才吞入口中，向远处游走，一旦发现异常立即吐钩。鲤鱼咬钩因其动作缓慢，不可提竿过早，一定要让浮漂多沉几次后方可提竿。

3. 钓鳊鱼要悬

鳊鱼是中层水鱼，有时生活在水底，但觅食多在中层。故钓它时，要将钩悬起，一般宜在距水面一米深左右。在静水中垂钓，可以将坠子除去；在流水中，可将坠子减轻，让水冲得把钓饵悬起来。鳊鱼咬钩没有规律性，反而在浮漂上不是大拖就是大送，很少点点抖抖。故在钓鳊鱼时，可以等完全送漂或闷漂时才提竿。

4. 草鱼和青鱼闷漂

草鱼和青鱼的咬钩方式大体相同，多为闷漂（草鱼中常见升漂）。这两种鱼的警惕性相同，因为一般大、中型水库和野外水域多只钩送线，它们经常咬钩就走，故闷漂居多，提竿可适当晚些。

5. 鲢与鳙鱼

要发现浮漂移动范围不是很大或下沉不起时，便是提竿的时候。

6. 鲇鱼和黑鱼

这两种鱼喜吃腥味重的荤饵。吃钩快捷凶猛，浮漂多为斜沉且速度很快。只要发现浮漂斜沉，立即提竿。尤其是黑鱼靠声响觅食，一旦水响，它就游来。所以在钓黑鱼时，勤用钩在水面晃动，使游来的黑鱼便于吃钩。

7. 黄颡鱼是生活在水底层的食肉性鱼类，不食素饵，看到钩上扭动的蚯蚓上去一口咬住便走。浮漂先是一顿，然后下沉，就要提竿。

8. 钓白条要浮

白条鱼是水的上层鱼，多半在水下尺许生活，觅食专门注视水上的流动食物，如飞蛾等昆虫。所以在钓白条时，要将诱饵浮在水上，从上游慢慢向下淌，若无鱼咬钩，可提上来，再摆上游，这样白条易上钩。

总之，在垂钓时除上述提到的几点外，还会出现许多矛盾现象，诸如线的粗细、钩的大小、坠子的轻重、时机的选择、垂钓、提竿时机要因鱼而异等，对此都要因地制宜，从实际出发运用唯物辩证法来认识垂钓的一般规律和特殊规律。这些都是提高上鱼率的有效手段，往往会得到意料之外的收获。

78. 钓鱼有什么技巧能钓到大鱼?

一般来说，钓大鱼的上钩率较低，必须掌握好技巧才能钓到大的鱼。具体钓鱼技巧如下：

1. 选用合适的钓具

在垂钓之前，必须选择合适的钓具，而且掌握鱼的种类。钓具对钓竿的要求是竿梢弹性好，受力分布较均匀。钓钩形状以圆形为佳。钓线要求没有损伤，打结正确。在上鱼上钩率较多的季节和地点，应选择强度较大的钩和较粗的线。鱼口大，用大浮漂；水深鱼大，用大漂。正常垂钓季节，鱼上得快，且用大漂，即使水浅也要用；初春、冬钓用小漂。

2. 定点定时撒窝钓大鱼

用定时定量撒窝能诱鱼，只要将钩撒进窝点，使鱼儿形成条件反射，促其定时巡游进食，聚而不散，钓者定时下钩，拽线得鱼。定时撒窝，鱼儿吞饵失去警惕，若吞饵狠，则上钩率高，很少脱钩。

3. 大鱼上钩的征兆

当窝边无大鱼时，小鱼多积极抢食，浮子抖动频繁；而一旦大鱼靠近，浮子出现平静时间。大鱼在窝子旁边活动时，由于其体型较大，有时可见诱饵浮起。当大鱼吃钩时，提杆应做到用力恰当，先将钓竿用力一顿，使鱼钩钩住鱼体，随之提竿。提竿速度不宜过快也不宜过慢，过慢容易使鱼逃脱，过快又易拉破鱼吻；提竿过猛还易发生断竿折钩。提竿时，手感很沉说明大鱼已上钩。

4. 应通过手感来判断鱼的大小决定留鱼的方式

对于不太大的（小于1 000克）鱼应争取做到一次提杆成功，将鱼提到岸上。若鱼在2 000克上下，上钩后，在水中随钩上升一段距离，但尚未浮出水面时，又转身游向深水，此时常形成僵持局面。可以遛鱼一段时间待其疲劳后，可持竿将其拉向水边，伺机用网捞取。较大的鱼上钩后，常常提竿时好像钩住水底障碍物，然后鱼径直朝深水游走；若很大的鱼上钩后，钓竿呈弓形形态，借助钓竿的弹性使鱼只能左右游动，阻止其向深水逃窜。一旦鱼将竿和钓线拉成直线状态，钓竿失去弹性作用极易导致折钩断线。不要轻易将鱼拉到水面附近，以避免惊慌乱窜。遛鱼的时间必须充足，待其猛烈挣扎了4~8次后的力气变会大减。要等到鱼儿筋疲力尽，肚皮朝天时才能取网抄鱼。遛鱼和取鱼时要保持鱼竿成弓形，竿受力均匀能产生较大的弹力，能对鱼逃窜的冲力起到缓冲作用，使钓具所承受的作用力大为减小。切不可直接用手抓紧钓线提鱼，不然的话，鱼稍有挣扎便会折钩断线。

79. 为什么肥水塘里鱼难钓?

肥水塘一般指那种养殖鲢、鳙为主的池塘。这种池塘主要靠浮游生物来喂鱼，因此塘主要向池中撒牛、鸡、鸭的粪便冲进塘里，使水质变得肥沃，浮游生物大量繁殖，鱼类天然食物丰富，总是处于饱腹状态，从而不轻易上钩。所以说肥水鱼很不好钓，如何钓肥水塘鱼呢？在肥水中钓鱼只要掌握以下要点，还是能有所收获。

1. 垂钓时间

钓早不钓晚，钓冷不钓热。高低随时影响鱼儿的吃食，肥水在阳光下温度上升，觅食最旺。此外，天气骤冷，气温下降也是肥水垂钓的最好机会。风雨过后快下竿：风雨过后，水中溶氧量骤增，鱼儿十分活跃，是垂钓好时机，肥水垂钓有收获。

2. 钓具

肥水塘鱼的特性是不贪食，咬钩动作幅度小，发现有可疑之处立即吐钩游走，很少再吃回头食。钓具的配备，应根据这一特性而定。竿的长度不应短于5米，线的选用因鱼而异。钓鲫鱼以直径0.18毫米强力线为宜，钓个体较大的鱼时，以日本产2号超强线较好。小型直立彩漂，坠不宜过重。坠与漂的搭配，以钩的沾泥，漂正好与水面平行为准。这种漂与坠易被鱼发觉，小漂轻坠，灵敏度高，鱼稍一咬钩，浮漂便立即露出水面，此时迅速抬竿便可获鱼，不论手竿还是海竿均以50厘米线上拴4～6枚鱼钩。

3. 钓饵

钓饵要对路。肥水中由于天然饵量丰富，鱼儿对饵料的选择非常挑剔。钓谚云："肥水钓鱼饵为先"。香甜腥酸味要浓，味上狠下功夫。所以肥水钓鱼必须投那些鱼很少吃到又特别喜欢吃的食物钓饵，在普通饵料中加些鲫鱼、鲤鱼香精或鱼粉虾粉就能上鱼；夏季用蛆虫效果显著，引诱鱼儿上钩。同时，还要注意钓饵的投量问题。肥水塘里的鱼每天的进食量少，若是鱼儿吃饱了诱饵，对钓饵则更加不感兴趣。因此，投诱饵宜量少次多，既能将鱼儿诱来，又不致使它吃饱，这样才会使鱼上钩。诱饵以虚饵（粉状）为主，实饵（颗粒状）为辅。所使用的诱饵主要有大米粉。制作方法：先将大米炒至焦黄色不要炒煳，趁热装入塑料壶中，迅速倒入曲酒和少量香油，密封24小时。使用前碾碎成粉即可。曲酒与大米的比例一般为1∶5。此饵每次打窝以乒乓球大小一团即可。

间隔3个小时续饵1次，钓饵依季节的变换而改变。春季主要用鱼饵以红虫为主，蚯蚓也可。夏季的水温升高，鱼的食欲旺盛。手竿可用蚯蚓，粉状饵要做得香甜或微酸带有很浓的腥臭味，特别是爆炸饵一定要做得味浓。香也可，微酸带有很浓的腥臭味也可，酸味要用发酵过的饵调制，用在爆炸饵均可，这种微酸腥臭饵，池中的鲤鱼、草鱼、鲫鱼都很爱吃。秋季：鱼的口味逐渐变化，多喜食荤饵。手竿可用红虫、蚯蚓或蘸过蜂蜜的泡沫颗粒（小米粒大小）。海竿爆炸饵要加入三分之一的鱼粉，“盒饭”钓鲫效果很好，晚秋用串钩挂蚂蚱、油葫芦浮钓草鱼。

4. 钓位

肥水塘钓位的选择，应有别于其他水体。鱼的听觉十分灵敏，且惧怕声响。肥水塘大都靠近村庄，人们常在塘边走动和洗刷东西，鱼儿不敢靠近岸边。即使偶尔游近岸边，听到一点点响动后便急忙逃窜，白天常隐藏于较深水中或僻静处。特别是个体较大的鱼，因肥水塘中天然饵量充足，更不会为寻找食物而冒险游近海岸。因此，肥水塘钓位的选择宜静宜远。在肥水中钓鱼的投饵钩入水。

5. 钓法

对不同肥水塘有针对性的施饵，在出钓之前，先亲自到塘边看看水情，要把观察了解的情况加以分析，找出最佳施钓位置才会上鱼多、上鱼大；然后使用长竿钓远去试钓。钓饵对路就会有大量鱼儿觅食。看到钓饵效果欠佳，不管饵料完整与否，都要重新整理一下饵料，变换一下配置，制出某个肥水鱼塘中之最佳钓饵，再投饵就能有所收获。

80. 水库鱼有哪些生活习性？怎样钓水库鱼？

我国中小型水库密布，水库水面宽广，库中鱼种繁多，鱼的密度较低，水也不肥，一般人都认为在水库垂钓得鱼比较困难。如果想在水库钓鲇鱼，有必要了解一下鱼的活动规律，根据水库的水深浅不一，水底地形各异的不同特点，垂钓时要选择水底的有利地形为投钩点才能找到鱼的踪迹。选准钓点和钓饵，选准最佳垂钓时机，钓获量就大。下面把几种鱼的情况及钓法作一下简介。

1. 垂钓时间

垂钓鲇鱼，就季节来看，一般春、夏、秋三季均可垂钓到，春夏季比秋季好钓一些，春夏之交，鱼产卵时节，食量大增，这是一个垂钓最佳时期。雨天最好，阴天比晴天垂钓效果好一些。因为水库涨水后，水中溶氧量增加，从岸上冲到水中的食物增多，鱼儿呈积极觅食的活跃状态，所以垂钓效果好。但如果涨水过大，水域面积增加太大，鱼儿密度呈反比例下降；冲入水中的食物也相对增多，鱼儿咬钩的机会自然下降，因而垂钓效果不好。在一天中黄昏和上半夜鲇鱼最容易上钩，雨天则全天都可能上钩。

2. 钓具

水库钓鱼手竿海竿均可，使用手竿要选用长竿、长线、立漂、卧钩为好。宜用大漂重坠。垂钓水库用较大硬尖海竿，线径0.5毫米以上钓线，线长100米左右。采用海竿串钩钓鱼，春天鲫鱼有游到浅岸水草边晒阳、觅食或产卵的习性，

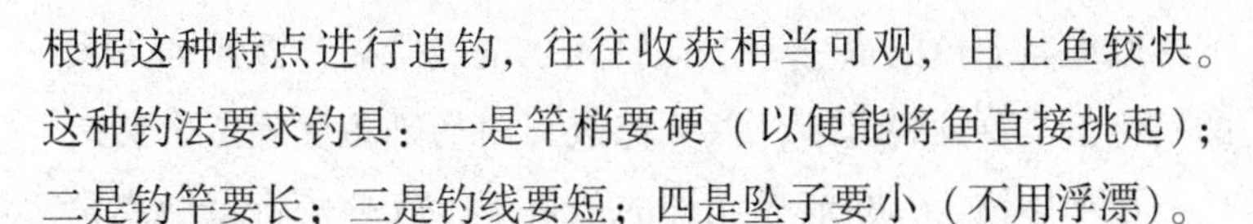

根据这种特点进行追钓，往往收获相当可观，且上鱼较快。这种钓法要求钓具：一是竿梢要硬（以便能将鱼直接挑起）；二是钓竿要长；三是钓线要短；四是坠子要小（不用浮漂）。

3. 钓饵

垂钓时撒窝用的诱饵主要有麦糠、稻糠、豆饼、玉米面、草、庄稼茎叶和残渣剩饭等。钓饵用荤饵如红蚯蚓、鱼、蚕蛹等，可钓到鲫鱼、鲇鱼和个头不大的鲤鱼。钓饵应视水质而定，当水质逐渐澄清以后，要改用面粉团、嫩玉米粒等素饵，可钓到鲤鱼、草鱼和鲫鱼。

4. 钓位

水库每年春末与深秋水库水位变化很大，一般来说，老河沟、河道弯曲处、浅滩、凹塘、树根腐木丛、乱石处等都是春季较好的钓点。水库涨水后，鱼儿的活动规律是靠边游浅，到出入水口处。因此，理想的钓位应选在出水或入水处小沟，僻静的湾汊，有乱石或岩穴的石壁处，以及水库狭窄或通道地段。浮漂多数采用短立漂或星漂，钓法为长竿短线，且风线宜短。

5. 钓法

钓点应选在水深3～5米（仲春可在3米以内，秋冬之交可达6米）内经常有鱼光顾的水域。在有缓缓流水处下沟，钩大饵粗可排除小鱼的干扰。到了夏天。暴雨之后，在小河口不远的深3～4米的深水处，最好是港湾边，用海竿，上串钩，很容易钓到鲇鱼。施钓时，要注意观察，要注意隐蔽身形，避免惊走鱼群；要勤逗动钓饵，引鲫上钩。若没钓上一条鱼或十多分钟无鱼上钩，不要“守株待兔”，应再找下一窝下竿以提高上鱼的命中率。钩饵入水沉底之后，浮漂如无大的反应，不要频频提竿，以免惊散窝内的鲤鱼。鲤鱼上钩之后，如个体较大，在地势允许的条件下，应赶快将鱼引离窝点，到别处去取鱼或遛鱼，这样才不会惊散窝内的鱼群，可连续钓获几条。鲇鱼吞食凶猛，易将钩吞入胃内，所以须备好摘钩用品如剪刀和小刀等。鲇鱼口边有许多细小的利齿，很容易磨断钓线而跑鱼，所以钓鲇鱼的钩宜选长把钩，或用多股尼龙绳绑钩。鲇鱼全身很滑，不容易用手抓住，往往会造成摘钩时跑鱼，库中鲶经常钓到的多是一些2~3千克重的小鱼，比较保险的方法是先将鱼放入网袋内再摘钩。如果钓水库大鱼最大个体可达30千克，待到咬钩，收竿时需用鱼叉来起鱼。

81. 溪流水鱼类有哪些生活习性?怎样在溪流钓鱼?

山溪沟壑有宽有窄、有深有浅，弯弯曲曲的自然山溪清澈如镜的水，终年流淌，水质清纯品位高，常年保持充足的含氧量，为鱼类的生存和繁衍提供了舒适理想的生活环境。水情鱼情各异。山溪野钓的基本钓法如下：

1. 溪钓时间

大雨后各处雨水流入溪流。池塘中的鱼随流水游动，晴天白天鱼大多栖息岩石洞中。发大水夹着各种虫饵和泥沙汇集到山溪中来。因此这是鱼出洞钻入水底觅食饵料最活跃时期。由于上游池塘水漫过了塘埂或洪水冲坏了塘埂流入山溪。

在雨后的2~3天，水速流缓了，泥水也沉下水底，溪流中的鱼多了，这时是溪流浑水垂钓的最佳时机。浑水溪钓在下暴雨以后溪流猛涨时就可下钓，一般可连续下钓5~6天，如若连续下起雷阵雨钓期还可延长，一直可钓到雨期过去，溪流水位下降，溪流清澈为止。

2. 钓具

浑水溪钓，钓竿质地必须坚韧，钓线拉力要强，以防大鱼咬钩时折竿断线而跑鱼。因为溪水不宽也不深若有水草宜用长竿短线。木钩坠宜重，不装浮漂。水草密集宜采用单钩，利于减少挂钩几率；水草稀疏者，以双沟为佳。

3. 钓饵

山溪中钓鱼的钓饵用蚯蚓、小虾、青虫、面团、饭粒等均可，尤以蚯蚓、小虾、青虫诱钓，效果奇佳。不用诱饵撒窝。

4. 钓位

浑水溪钓，要选好合适钓位：水流湍急之处，鱼儿停留不住，不宜下钓；溪底有石罅、岩缝之处很易挂底，也不宜下钓，溪鱼都喜汇聚到此处觅食，是浑水溪钓最理想处所。山溪分主溪和分支，分支与主溪拐弯凹进处，水流平缓似池塘，是垂钓的主要部位。寻找水底清爽部位布窝。

5. 钓法

选好钓位后把饵钩往远处抛出，再用石块在岸边压住钓竿，让竿稍离开水面约50厘米，凭钓线、竿稍的动静判断鱼儿有否咬钩。钓线突然绷紧或渐渐放松，或竿稍频频点头，都是鱼儿咬钩的信号：钓线绷紧大多是大口鲍咬钩的信号；

钓线放松大都是鲫鱼、石斑鱼咬钩的信号；竿稍频频点头多数是黄颡、鲇鱼、鳗鲡之类咬钩来势更猛，可把竿梢拖得很低。发现上述钓线、竿梢的各种动静，都应立即起竿。找到好的钓位咬钩率特高。可同时使用2~3根钓竿，往往一根钓竿动了，有时2~3根钓竿一齐上鱼。

82. 江河水鱼类有哪些生活习性?怎样钓江河鱼?

我国的大江大河源远流长，每条江河上又有许多小河，水中生活着丰富的鱼类。通常江河中的鱼同塘湖库一样，有一种喜暖怕热的共性。但江河具有自身先天的优势，由于水是流动的，即使高温季节，水温和水体溶氧仍适宜鱼的活动摄食。这一特性为垂钓提供了可持续性和较大的自由度。这些都是钓鱼的好场所，但由于地形复杂，水位时涨时落，大鱼小鱼参差不齐，品种繁多，加之季节性冷热变化等，对垂钓都有不同的要求。江河垂钓季节、时间、钓具、鱼饵的选择与技巧如下：

1. 垂钓时间

江河的几种主钓对象鱼在本地一年四季都有钓获。一般来说，初春至夏初是垂钓的黄金季节，俗称“桃花水”。在4月以后，产卵完毕后和每年的11月以前，鱼类都需要摄食，从早到晚，只要不下雨，不刮大风，都能钓到鱼。在一日之中最好选择在清晨、黄昏和夜间出钓，夜钓尤以夏秋季节为好。白天是阴、雨天气效果好。

2. 钓具可手竿、海竿并用

江河水面宽广水深，地形复杂，水流湍急，鱼种复杂、大小悬殊混为一体，大鱼较多，因此，不能像专钓鲫鱼那样，采用细线小沟。在江河中垂钓，什么鱼都可以咬钩，故江河垂钓拟采用3号以上的粗线和7号以上的大钩，重坠大漂。江河中的鳗鲡、鲇鱼、鳜鱼等，既易于上钩，且又力大，故需竿稍硬，鱼钩较粗壮、倒刺大、钩尖锋利。江钓绑钩的方法很特别，不能用单丝强力线，因为鱼上钩后在挣扎的过程中，口中的细齿会把单丝强力线磨断，所以要用白色尼龙软线。江钓的主要钓具是海竿，以3.6米长为佳，钓线（主线）应用线径0.35毫米以上的中粗线，拴口钩的口线可根据比例使用。一律不能用铅坠而使用石头坠。

3. 钓饵

江河中的鱼以食荤饵为主，素饵为辅。荤饵有鸡鸭肠、小鱼、小虾、泥鳅、蚯蚓、蚂蚱、蚌肉、螺蛳和各类昆虫等；小蛆或蚯蚓，都要整条穿钩，可将多余部分穿到口线，用苍蝇、蟋蟀、蟑螂、蚱蜢、蝌蚪时，从颈部穿过去。大的只穿一只，小的穿两只。将蟑螂、蟋蟀、蚱蜢的大足掐掉。蝌蚪遍体溜滑，可用干沙搅拌后从头部穿钩。素饵以水草、浆果、藻类、面食、甘薯，以及嫩芦苇、茭白草、浮萍、菜叶等为多。一般说鲇鱼、鳗鲡、黄颡鱼、河豚、细鳞鱼等，均喜食腥味大的鸡鸭肠、黑蚯蚓之类；而鲤、草、鲫、鲢、鳙等偏食于嫩毛豆、嫩玉米、白薯块、熟麦粒、米饭和面食之类；上层鱼餐鲦则喜食苍蝇、飞蛾、蚂蚱、米饭等。进、出口处，进出水时会在水底形成暗流，适合鱼类活动。

4. 钓位

江河的主干道上，鱼的活动、觅食的主要部位是江河交汇处、港湾码头、船坞泊位、护堤拦洪石坝（多为乱石堆砌），这些地方择其平缓回水部位下钓，但有一定的难度。而支流水系则是鱼的久居之地。在此选位布点，进行定点与走钓相结合。钓者要掌握江河的特征和鱼的生活栖息规律，因情施钓，此外还应掌握潮涨潮落，钓法有别。涨潮水的浑浊度大，大量的漂浮物在风吹浪打的波动下，逐步漂移至岸边，有的漂移于水面，有的沉没于水面，加之浑水又使鱼都往近边游动觅食，故应钓近边。落潮水退，鱼随水移，落潮阶段水位变浅，水色变清，鱼离开近边，故应钓远。而在水位相对稳定阶段，适于鱼栖息久留，这段时间垂钓效果较好。

5. 钓法

垂钓方法在钓具适应水情、鱼情的情况下任意选用。窝点的远近随意性大，一般视深浅而定，以控制在水深1~1.5米下钩，此时则不计较远和近的问题。抛竿投线，石头入水后应立即停止放线，当石头固定在江底某处时便将多余线绕紧固定好竿体便行了。江河中的鱼摄食猛，见饵便吞，不像池塘湖库中的鱼那样对饵料百般挑剔。鱼上钩后，由于鱼挣扎产生的力会使得拴石头坠的棉线扯断，钓者便可视鱼挣扎力的大小估计鱼的大小而放、收渔线，待鱼不再挣扎时便可提鱼上岸。若钓者按涨潮时钓边，落潮钓远，稳定水位钓中间。在砾石海岸边垂钓可同时投放5根海竿，沿岸一字排开，每竿距10米左右可取得满意钓绩。江钓时须注意的事项是：由于江边地形复杂，江边、岸边地面高低不平，溜滑，因此不要独行。

83. 沟渠鱼有哪些生活习性?怎样在沟渠钓鱼?

天然沟渠里植物丛生，簇簇水草覆盖水面，水深水浅不等，流速有缓有急，有的地方水面不流，水下流，弯道地方一边流急一边流缓，并有小小漩涡出现。季节不同雨量的变化促使沟渠的环境也在变化，晚上行夜钓必须掌握特殊规律适宜天时上鱼率很高，对钓具和钓位选择及垂钓技艺要有特殊要求。

1. 沟渠钓时间

掌握鱼咬钩的时间规律。一年之季在于春秋，一日之时在于清晨，夏天、初秋除早晨咬钩率高以外，初春晚秋是鱼的全日咬钩时间。但平均咬钩率仍是早晨高于中午、傍晚和雨天，光线好，饵料易被发现。特别是间断小雨天气是鱼咬钩的最好天时。

2. 钓具

选用旅行手竿或自己制造钓竿，4～5 米长的竿能适于 10 米左右宽度的沟渠，这种竿轻巧方便，长短变化自如，适于沟渠宽度变化，沟渠里野生鱼多，250 克以下的鱼多。鱼线：选用线径 0.20 毫米左右的细线，线细不打弯垂直度好，栓竿要求长竿短线，线的长度为竿长的一半左右最合适。选用比正常情况下重一些的铅坠在流水中稳定，在有水草的地方下沟易下沉。沟渠里鱼类种类很杂，但鲫鱼最多，由于鲫鱼属底层鱼，钓下不到底就钓不到鱼。浮漂宜用鸡羽翎毛梗剪成长1厘米左右的小段，每根鱼线上穿5~7段串联，每段毛梗间隔3~5厘米。

3. 钓饵

饵料以蚯蚓为主要饵料，其次采用面粉、白酒及少量香油配成的素食饵料。诱饵用于撒窝子，最好是将小米或玉米丝经白酒浸泡后使用。

4. 钓位

选择在隐有簇簇水草覆盖的水面，水草间有些空隙及孔洞是天然的钓位。这些地方称是下钩的天然窝子，特别是夏天、秋天的早晨这些天然窝子上钩率最高。傍晚和雨天由于天时发生了变化，天然和人造窝子就不一定是钓位的最佳选择，而水草稀少和隐有簇簇水草的水面便成了下钩的最好地方。需根据咬钩的情况适时调整钓位。有些水面上，水草密集下沟困难时应把水草拨开一个空隙和孔洞，造一个人造窝子。这种窝子必须先喂窝。

5. 钓法

只要钓法对，抓住时机就可水面下钩，重坠落水后稳定不动，水流动的使用双钩饵硬浮漂，随水流微微摆动，鱼对这种动饵最喜食，对于提高上钩率特别有效。这时一定注意不能喂窝子，否则造成鱼吃喂窝而降低咬钩率。大鱼小喂窝易受惊，势必形成钓不到大鱼，小鱼瞎胡闹的局面。一个天然窝子，有时可连续钓上鱼，一般是先钓大后钓小。当天然窝子咬钩率明显下降或不咬钩时，才是喂窝子时机，这样能准确地在窝子内下钩，鱼咬钩时又能垂直由窝子提出来，这样就能抓住时机使上钩鱼来不及闹动就提出水面，上钩的鱼也不会惊动下面的鱼。如果手感下沉劲不大，往上提又不动，一定是小鱼咬钩，咬钩时赶快由地上拿起钓竿，把鱼提上来。有垂钓经验的，长竿小钩细线下好钩后可钓大鱼，鱼咬钩食吞到嘴里必然使鱼窜拼命挣扎，过一会鱼的劲小了，就顺势把鱼拖上岸来，一般情况 1～2 千克以上的鱼搁浅后是不会动的。若较长时间无鱼咬钩，就要不时地轻轻抬一下竿，拖一下线“逗”鱼咬食。

84. 夜钓应掌握哪些垂钓要领与钓法?

夜钓多在夏日进行。白天气温高达 30℃以上时，烈日当空，高温酷暑，鱼类多潜伏在深水区或因水中缺氧而上浮不食，夜晚气温降至 20～25℃，待空气凉爽而舒适时，鱼类又本能地开始摄食，并且十分旺盛。夜晚垂钓只要掌握垂钓技巧鱼上钩率高，一般钓鱼效果比白天更好。在夜幕里，热乎乎气流消失以后的夜晚，人坐溪潭边，那凉爽的夜风扑面吹来，沁人心脾，把一天的暑热、疲劳驱散得干干净净。

1. 夜钓时间

春末秋初之间，晴无风雨的傍晚，夏夜是溪潭夜钓的最好时机。

2. 钓具

夜钓技法很多，钓具也不尽相同。竿线长度视水域深浅而定，一般可选用长 6 米左右的硬调竿，钓线要长，用线径 0. 2～0. 3 毫米的高强尼龙线，匹配较重的铅垂和较大的鱼钩，轻微的在钩信号不容易发现。无论采取哪种钓法，关键是要有一个发光亮度高、有利于观测沉浮的鱼漂，夜晚钓鱼打着手电或马灯为夜钓所需。国内外已经研制出多种发光钓具，除内装荧光粉的化学夜光漂、多种彩色荧光漂、永久发光漂以及发光二极管电子鱼漂外，一种装着简便的超小型轻量发光棒又从国外引进并投放渔具市场。这种发光棒，既可安装在单节柱漂或风漂上，又可安装在竿梢上。前者适用于手竿垂钓，发光棒裸露在水面，呈绿色光芒，有较高清晰度；后者适用于架竿抛钓或甩钓。发光棒经增重系入水下钓点，还能成为诱鱼就会显著地提高钓效，鱼都有趋光性，故用此法打窝十分有效。

3. 钓饵

荤饵主要是蚯蚓。因钩子大，所用蚯蚓也应粗一些，鲇鱼更爱吃长3厘米左右，5~6克重的小鲫鱼，剪去头尾就可，但鳗鲡只吃鲜鱼。素饵主要用新鲜菜籽饼细粉和香黄豆粉，加上蒸熟的糯米饭，夜钓诱饵味要浓烈腥味更能诱鱼，所以要加适量白酒、烧酒，在擂钵里舂成黏性很强的干湿适度的“粑粑”做成的。最好用麦麸等质地较轻的东西做诱饵，将发光棒折弯使其充分发亮，然后将棒内液体倒入诱饵中充分搅拌以便形成发光窝区。

4. 钓位

夜钓由于夜间鱼多在水域中上层觅食活动，所以垂钓水深1.5~2米，不超过3米，鱼类夜间觅食一般都有固定路线，故夜钓必须在深水和浅水交界处，流水和静水的交界处；大水域的细腰处和杂草丛生的水域，钓位天黑以前先去勘察鱼情、水情及四周环境，选好窝点喂鱼和撒窝地以吸引鱼。

选择一处流缓水深的石矶，用水泥整平砌好一块长宽一至两米的平台。平台靠江边一侧用粗钢筋做成高约20厘米的围栏，用来放置钓竿。江两岸地形复杂，有陡峭的悬崖，或是突出河岸的石矶。夜钓要注意安全。

5. 钓法

夜钓一般分近钓和远钓两种，近钓为5米左右远，远钓在10米以上，可用手竿、海竿或手线钓法进行夜钓。夜钓不同于白天垂钓，诱饵的投量一定要大，每个窝点每次投3～4千克为宜。由于夜间水色更暗不易观漂，所以在近钓时，主要凭手感判定鱼上钩，而远钓则主要凭小铃响动或用荧光鱼漂来确定鱼上钩。有鱼吃钩了可小心用长杆挑起水中细杆慢慢拉到岸边，如果是小鱼吃钩可提竿上岸。夜钓常常能钓到大鱼，大鱼吞钩的信号表现为小型鱼虾突然停止抢食被惊散，同时大浪从水底发上来就要迅速提竿，莫错过上鱼时机。钓竿被拉成弓形。要毫不松劲地往上拉把鱼抓进网兜后第二次续钓。一个钓点是否有鱼，可在一小时左右见分晓，若无鱼咬钩，切勿死守，应重选钓位才能提高获鱼量。值得一提的是夜钓要注意安全。钓点、钓潭要选离村较近，并要有人陪伴，以便相互照应。应携带手电、筒、灯具和护身棒器，以备应急之用。宜穿长袖衫长裤并备好万金油或风油精以防蚊虫叮咬；脚上应着高筒胶鞋，以防蛇咬。每次夜钓以2～3小时为宜，勿过多占用睡眠时间，以免影响身体健康。

85. 海钓应掌握哪些垂钓要领与钓法？

在我国东部众多的沿海岛屿水域中，自然环境因素使天然饵料生物丰富，利于鱼类觅食生长繁殖。栖息着多种鱼类。可钓鱼种类：主要有海鲋（小青鲷）、黑鳞加吉（大青鲷）、牙鲆、偏口鱼（比目鱼）、黄鱼、黑鱼、鲈鱼、海鳗、鲽鱼、鲅鱼（鲐鱼）、海鲶、鲮鱼、燕鱼（飞鱼）、黄鲇鱼等。这些海钓鱼种类肉味细嫩，海味鲜美，营养丰富。海钓要根据鱼的种类和环境条件等综合因素决定钓法才有显著效果。为了开拓海钓，现将海钓方法介绍如下。

1. 海钓时间

雨水以后，天气转暖，可以垂钓海鱼：每年冬、春、秋三季均可钓。垂钓季节：一年四季可钓，秋季最佳，春季次之，再次是冬夏两季。谷雨过后，各种鱼觅食洄游，可开始垂钓各种鱼。浑水海鱼多，清水海鱼少。钓偏口鱼（比目鱼）：清明前后，南风4～5级以下，清水海，在沙底海域，这段时间，偏口鱼数量多，除黄鱼和偏口鱼夜间不觅食，宜白昼垂钓。夏季：多数鱼到深海避暑，近海鱼少，且多数是小鱼。夜间出钓，可钓到大黄鲇鱼，处暑开始，可钓鱼种逐渐游到近海。白露以后，洄游鱼类纷纷路过，钓鱼旺季开始了。霜降至小雪，大小鱼都到近海觅食，准备过冬。此时，不大受潮汛的制约。冬季和初春天气寒冷，风多浪大很少有人出钓。

2. 钓具

船钓具常用2米左右长的硬调海竿，主线用0.4～0.5毫米强力尼龙丝。船钓时，由于尼龙线具有伸缩性，故是否上钩难以判断。最近较多使用伸缩性小的涤纶线的高密度聚乙烯尿烷线，这种线的强度数倍于尼龙线，完全没有伸缩性，坠重200克左右，鱼钩选用304型（或相当大的其他钩型），拴尼龙丝粗0.4毫米，长30厘米，坠下并列拴两只钩，鱼多喜欢吃坠下钩，坠上依次拴3只单钩。如果水底暗礁屡屡挂钩，可改为坠下不拴钩，坠上依次拴3～4只单钩，可以减少挂钩次数。钓钩用两只最好，钩如果过多会造成互绞。

3. 钓饵

常用的鱼饵为海蛆（沙蚕、亦叫海蛐蛇）、小虾、大虾、小乌贼、乌贼肉、蛤肉、黄鱼肉、泥鳅、模拟（鱼形）、鲅鱼肉、寄居虾（干住房）、鸡鸭内脏、猪、羊瘦肉、猪肝、羊肝等。钓饵和游动钓饵以海蛆最佳。

4. 钓位

海鱼多栖息、游弋、觅食于水下暗礁及海生植物之中以及海流流经的边缘地域。可根据不同季节海水温度变化选择垂钓地点。冬至到初春，海水温度低，钓点选在5米以上的深处；春夏气温较高，钓点选择在2～3米的浅处；秋季水温20℃左右，鱼类多在沿岸索饵，钓点选在距离岸边5米以内为好；冬季气温低，钓点应选择在深水水域的岩礁处及低洼的滞潮处。同时还应根据海水颜色变化及水下阴影确定钓位、钓点施钓。一般在离海岸500～2 000米水域，水深10米左右。沙底海域，偏口鱼多。海底礁石、海藻、养殖架海域，各种鱼都有，鱼多且单尾鱼大。要选择没有海草的水面。海草太多，会把鱼线缠住搞乱。岩礁钓点应选在有岩基，岩石四周和潮流疏通海沟；尤其是海底礁群，在礁石上有较多藤壶、蛎及低等藻，是鱼类生存休息、躲避敌害的好地方，是良好的钓点。但要根据水情和各种鱼类的不同生活习性选择钓位。

5. 钓法

海钓方法较多，主要采用海竿钓和船钓。

海竿钓法：垂钓时操作方法要掌握钓获量高的时间和位置后再选定钓点，将钓饵送到海底后，每隔十几秒钟，中速往上提动钓饵1米多高再放下，如此反复动作，使钓饵在水中保持一定的动态，诱鱼上钩。鱼咬钩时，抖动力大，手感明显，当即提线，上鱼入舱。遇到鱼群时，钓饵刚送到海底，鱼就接二连三频频咬钩。可待鱼咬钩2～3次时，提竿上鱼。

礁钓：落到半潮到涨至半潮立于礁石上，把小蟹、鱼虾捣为粉末撒入掉钓区诱鱼，待鱼上钩。隔1小时，撒1次诱饵。长岛礁钓，可钓到黑鱼、在水深1米左右处找有草水域，游动钓：持2米小竿，岩崖钓找准钓位，居高临下，坡度较大，具有危险性。因此施钓时必须注意安全。

堤岸游动垂钓：一般来说，在码头和堤坝的立壁处石有鱼的聚集点。一旦发现某处上鱼率高，在码头、堤坝上，顺着海潮的流动将装有鱼饵的钓钩垂入水内，手持钓竿一边松线，一边提竿，一边走动的垂钓方法。游动垂钓，送饵上口。游动垂钓可分为浮钓和底钓两种。在一般水深8米左右的深水码头可分为四层进行探查方式的垂钓。上3层为浮钓，应使用较轻的沉子。四米左右的浅水码头，应以钓底为主。在浮钓时，假如以2.5米为第一钓层，应从水深1.5～3.5米进行上下活动。当钩落到3.5米时，慢慢地提起竿尖1～1.5米，然后再次下钩，并顺潮流方向步行移步，反复提竿和落钩。其他钓层也应如此。春秋要穿水裤，小鱼居多，但钓获重量可观。

船钓法：指坐在船上向水中施钓。也有坐在竹筏或皮筏上垂钓，被称为筏钓。多用于淡水小水面垂钓，船钓用于江湖大河与海洋大水面垂钓，诱惑力大，而且钓鱼多鱼也大，但风浪大有惊险。海上船钓需选用小马力渔船。因大船马力较大，船尾的双螺旋桨翻起的浪花较大，并且航迹较长，面积较大，易使鲅鱼受惊而逃逸。最好采用雅马哈小型船用挂机，船 8 马力左右均可，船速在每小时 10 节左右。当小船驶入钓点后，船速放慢至 4～5 节，将钓竿抛出线、饵后，继续向水中放线，大约离船 120 米时，卡住线。小船提速至每小时 7～8 节，使船后钓线拉直并带起钓饵至海面下 2 米左右，然后将钓竿插于船侧专用卡座内，竿梢与海面的角度要形成 45°夹角，以便于观察。此钓法有鱼截食吞钩主要反应在竿体上，当中鱼时，竿梢突然上下急速点动，然后钓竿整体大弯，此时为起鱼最佳时机，应及时将竿后扬顿住，船速立即放慢或停驶，然后快速摇动手柄回线。鱼上钩，如鱼太大，应打开曳力放线。因钓场范围大，且离岸较远，无任何障碍物，可任鱼挣扎咬线，但需注意保持钓线始终处于紧绷状态，以防大鱼甩掉钓钩。直至不再咬线，再摇轮收线，反复几次，大鲅鱼必精疲力尽被乖乖拖至船旁，用大抄网将那一份大鱼抄于船舱。

在船钓过程中，由于船被波涛所摇动，故乘船垂钓之人，大都会晕船的，精神会变得不好。这虽因人而异，没有因晕船而倒下的人开始都会不同程度的晕船。晕船的症状如下：①首先是感到恶心，更严重则是把吃的东西吐出来；应停止钓鱼，上岸后过一会儿便没事了。在我国即使有止晕船药但也没有那种喝了后绝对不会晕船的灵丹妙药。为防止晕船可在钓鱼前一天晚上，要好好睡觉，并且饮酒不要过多；当晕船刚刚感到恶心时，不要压腹部，而是把裤带放松；马上躺下睡觉；由于马达排出的废气和船舱内空气是最不好的，故而可到甲板上吹吹海风，会有一定的效果。晕船很大程度上是由于心理因素引起的，故渐渐适应了船钓之后，晕船感就会减少不少。

86. 夏季怎样钓鱼上钩率高?

钓谚云“夏季到，鱼难钓”。在炎热的三伏天，由于气温、水温较高，鱼不咬钩鱼也歇伏。夏季不是钓鱼的最好季节，也给钓鱼人垂钓增加了一定的难度。但要掌握鱼类属于变温性动物，它们的体温是随着水温的变化而改变的。各种鱼都有自身的适温范围。大多数可钓的淡水鱼，如草、青、鲤、鲢、鳙鱼等，最适应的水温一般为20～30℃，鱼类进入生长期，食欲旺盛。如果高于或低于这个温度，鱼的摄食就会受到影响，鱼都不到浅滩觅食。白天气温增高，钓谚云：“神仙难钓午时鱼。”此时，浅滩水温高，有的鱼儿潜入深水，有的鱼儿钻进洞穴，鲤鱼一类的鱼儿会钻到淤泥里不出来，尤其夏季经常有闷热天，钓鱼有“不怕热就怕闷”之说。闷热天，气压低，水中缺氧，鱼儿纷纷浮到水面，张着嘴从空气中直接吸取氧气，此时它们不摄食。这就叫“鱼浮头，不要钩”。如果缺氧严重，鱼儿还会死亡。刮风或开增氧机，能缓解这种情况。如果遇上这样的天气，切莫下竿。

1. 夏钓时间

夏天正午前后多闷热气温都在30℃左右，温度高垂钓时间早晚进行，才能有收获。一天之中早、晚的最佳垂钓时段是早晨4点半至8点半，傍晚4点半至7点半钟钓效较好。特别是下午4点半至7点半之间更佳。上午8点至下午5点之间，中午时分，骄阳似火，热风扑面，水温骤然升高，鱼儿纷纷沉到水下，这个时间钓鱼，钓鱼人不但会热得难受，而且难以获得好的成绩，很难钓到鲫鱼。但这段时间却是钓鲤鱼的好时间。特别是在大桥下等遮阴处垂钓，往往有显著收获。夏日垂钓最理想的天气是：大雨过后。雨水将岸边田野上的杂物、草籽、昆虫等冲入河塘中，注入新水，氧气、食物增加。鱼儿活跃，食欲大增；此外，微风轻拂细雨纷飞的阴雨天气，水中的含氧量升高，鱼儿会变得格外活跃，争相跃出水面抢食，此时仍是下钩垂钓的好时机。如果水中的含氧量降低到每升4毫克以下，就容易形成鱼浮头现象，此时不宜投饵垂钓。"夏日垂钓，夜间比白天好钓。"这句谚语是说夏日钓鱼，夜间比白天好钓。因到了晚上，水温、气温皆在30摄氏度以下。再因鱼类都有怕惊扰、怕强光的习性，夜间干扰少，光线弱，加之夜间凉爽，台风来临之前，以及冷空气滞停期间，气温骤降，鱼儿异常亢奋，食欲大增，是高温季节垂钓的最佳良机。只要把握好良机，垂钓定能喜获丰收。

2. 钓具

硬度长手竿2~4把，用3.5号线做主线，2.5号线做脑线，每线系白狐中号钩3~4枚，钩距应大些，钩下坠重是原手竿的2倍至3倍。

3. 钓饵

用土红蚯蚓中断挂钩上，极易引鱼咬钩。素饵一是自制的颗粒饵，二是市场上出售的商品饵。我国的颗粒饵料是用蛆粉、孑孓粉、蚕蛹和以玉米粉、面粉配制而成，使用前加几滴麻油后变得既腥又香。素饵也可用纯菜籽饼。

4. 钓位

盛夏天气炎热，阳光强烈，雷雨和大风频繁。钓谚云"夏钓潭""夏钓深""夏钓早晚"。就是根据夏天的气候特点而言的。因此，夏日垂钓在钓点的选择上，应选"深"和"阴"。深，就是选水域大、深，则容水量大，水的温度上升较缓慢，再在同一水域中选深处下钩。如果在水库垂钓，那些7~8米或数十米的过于深的深水处，也不宜下钩。阴，钓点应选择在鱼能纳凉、躲阴藏身的地方。如深水区域，成片的水草区，水面上有树木选树荫处或背阴处下钩。大桥下和长期停泊船只及木排下。这些地方水温相对较低一些，夏天高温季节里鱼仍能维持正常的生活，有一定的食欲，是盛夏时分鱼儿爱去的地方。其次钓点可选在动态水域。如流水河道，闸口下，有水流的涵洞旁，下风口的风浪区，这些地方水的温度上升较慢，且水的含氧量较高，鱼有一定的摄食欲望，在此垂钓，定有所获。如果整个钓场是大水域仍不失为垂钓的好去处。水太浅，水容量小，在烈日的直射和周围热空气的影响下，容易吸热升温。水温过高，鱼不摄食，就应另选钓场。

5. 钓法

夏钓，钓者要提早备好钓具饵料，抓紧早晚天气凉爽的黄金时段，快速施钓。钓具钓法与其他时段无异，饵料选择对口施钓，诱饵质精量少，勤补窝。诱鱼效果好，可用甩大鞭的方法把串钩甩到3米以上深水的钓点，慢拉手竿，插入竿叉。人可远离钓位，看到竿梢点头，便可进前提竿起鱼。如果在钓饵对路、钓具得当的情况下鱼仍不咬钩，这时，就要及时换钓位或改变垂钓的时间。气温相对较低，鱼类的活动比较活跃，是鱼儿觅食吃饵时间，此时机垂钓鱼易上钩。

夏日气温高，当水温超过30℃，钓鱼要选位在树荫下防晒，多带饮水，并带人丹、十滴水等，避免中暑。在时间安排上，夏季早晚凉爽好钓鱼。夏季夜钓要注意带风油精防蚊虫叮咬，带电筒防蛇蝎咬伤，在钓点的选择上要求注意安全，一定要结伴而行。

87. 冬季钓淡水鱼有哪些科学钓法鱼上钩率高?

我国北方地区有句俗话，“惊蛰到，鱼咬钩”，说的是冬天鱼儿不上钩。鱼是变温动物，进入冬天后天气寒冷，不少鱼的体温随水温变化。冬季鱼儿不活跃，很少游动，呈冬眠状态，游动范围小，主要靠自身储备的营养，加上很少的摄食量，来度过寒冷的冬天。而钓者大多数畏寒挂竿，转为修整。但也不尽相同。鱼类有暖水性、温水性、冷水性多种。也有不少鱼在冬季照样吃食，所以冬日仍有相邀结伴者，去湖或塘冬钓；投钓实践经验证明，只要掌握冬钓技能，冬天并非钓不到鱼。下面介绍如何进行冬钓。

1. 冬钓最佳时间

每年从11月中旬至12月初为初冬季节，时有寒气袭人，天气变化很大，冬季气温水温对鱼类摄食影响很大，应注意避开不利天气。冬钓最佳天气是多云间阴。此时，温度较高气压正常，水里含氧充足，鱼儿比较活跃，咬钓钩较为积极。阴天也不冷，水里的溶氧量仍然较多，鱼儿觅食仍然正常。微雨或天气，温度、气压变化不大，也适于冬钓。冬天里下雾，气温较高，气压减低，鱼儿在水底活动加强，在雾未散之前鱼上钩率高。北方强冷空气侵入的寒潮天气或雨雪天气，因温度下降很大，鱼儿静伏水底，不吃不动；特别是霜后，阳光照射浅层水域温暖，鱼儿游弋于水体上层（俗称“晒太阳”），并不沉底觅食。因此不适于冬钓。

2. 钓具

冬天的气候特点和鱼儿活动的规律要求在冬钓时必须遵循选钓具细小轻的原则。冬季钓鲫，鱼钩要小，脑线要细，铅坠要轻，主线用一般线，以柔软性好的细线为佳，一般可选用1~1.5号（线径0.16~0.20毫米）高强度尼龙线；钩，以伊势尼2~4号小钩较为适宜；漂、坠，一般配以小漂、轻坠，坠力略大于漂的浮力，使钓组灵敏度处于最佳状态。

3. 钓饵

钓饵有荤饵、素饵两大类，但素饵不如荤饵。荤饵一般选用蚯蚓和红虫。在垂钓的前2天往饲养蚯蚓的盒里滴几滴麻油，有香味。冬天垂钓的钓饵：蚯蚓、面粉和饭粒等均可。最好的饵料是蚯蚓。蚯蚓宜小宜细；垂钓装钩时，要先将蚯蚓放入掺有香精或其他饵料中滚一下。蚯蚓不滑好装钩，加味增加其对鱼的诱惑力。用双钩钓鱼时，要先将红蚯蚓掐成两段，头部装在上面钩悬在水中，尾部装在下面钩，擦底。蚯蚓尾部摆动扭曲幅度大、时间长、目标明显，因而上钩率高。鱼在冬季摄饵动作小，用蚯蚓装钩时，留在钩尖外的部分要短些，易于鱼吸入口中。面饵中加适量开水调和后要揉透韧些为好，也可在垂钓的前一天加少些麻油。这样的饵料，气味浓郁，清香持久，具有香味，松软可口，垂钓效果更佳。

4. 钓位

冬季水深处温暖，温度较高，是鱼儿集中的地方，因此冬钓必须深水处下钩，应是向阳、深水或水面上有水草、杂物掩住一侧。浅水向阳，深水背阴。早上钓深，中午前后钓浅，下午两点前后再去钓深。钓点一般在水深 1.5 米之处。太浅，水温低，水体保护色较差，不利于聚鱼垂钓；太深，光线暗水体含氧量少，鱼不愿在此栖息，故不利于垂钓。窝点设置与水色深浅有关，水色深可近些，水色浅则宜深些、远些。

5. 钓法

到了钓场后，要首先观察一下钓场情况，认为哪些地方是鱼冬天最爱栖息的地方，冬天鱼进入冬歇，不主动觅食，诱饵送近诱它觅食，多下几个窝子把窝子下到鱼栖息的近处。窝子下好后，不要立即开钓，诱饵离鱼近鱼闻香味会慢慢过来摄食。半个小时以后试钓。哪个窝子有鱼就钓那个窝子。冬歇后的鱼体弱嗅觉差，诱饵到鱼嘴旁，鱼对香喷喷的诱饵有个反应过程。所以，冬天钓鱼，钓钩投入窝子后要细心观察浮漂的反应。鱼漂左右微动，上下点点颤抖很可能鱼已经上钩了。所以冬天钓鱼，浮漂只要有一点点反应，就应轻轻提竿试试，看看是否有鱼，把咬钩的鱼及时钓上来。冬天钓鱼不好钓，不要让上钩的鱼再跑了。

冬季天冷，野外气温就更低，防寒保暖是主要的。假如忽视了保暖会得感冒。所以冬钓一定要注意保暖。因此，应穿得比在家时厚一些，尽可能穿质量轻的防寒服，还要戴上帽子，穿上保暖防滑的防寒鞋，以增加御寒能力。身边要放一条干毛巾，洗手之后马上擦干，可防止经常接触水的手龟裂冻伤。最好戴一副橡胶手套，这样抓鱼时可免除手沾水而受冻裂。

88. 冬季怎样冰钓?

我国北方每年12月上旬至翌年2月中下旬是处在一年中最冷的季节，鱼儿进入冬眠或半冬眠状态，既不爱活动又不觅食。一般江河、湖泊、水库、池塘冰封，当冰的厚度达到8~10厘米，冰钓进入了低潮期，过了“三九”“四九”冻死狗的阶段，“五九”和“六九”到来，天气由冷转暖，鱼儿也随之从冬眠状态逐渐苏醒，进行觅食活动，从而出现吞饵上钩时机，即可在冰上凿穿冰眼钓鱼。冰钓能钓到鱼的原因是由于水温与气温，水温与地温水的上层、中层、下层的温度有差异，冬日水越深，底水温越高，在8~10℃水温有些鱼仍在进食，所以冰钓可以钓到鱼。冰钓具有活动范围大，可直接垂钓于“鱼道上”等优点。但是如果掌握不好方法和技巧往往使钓者，特别是初学钓鱼者更是感到无从下手。提高北方冬季冰钓上鱼率的技法介绍如下：

1. 冰钓时间

冰钓在冰上凿出冰眼进行垂钓，冰钓要选好天气，一般在寒流过后，天气晴朗，在气温回升到 -8 ~ -1℃时冰的厚度达到 8 ~10 厘米方可在冰上进行冰钓，冰的厚度低于 8 厘米时不能上冰垂钓。冰钓以上午 9 时到下午 5 时为宜。该时段鱼的上钩率高，尤其是上午 9 时 30 分左右、下午 2 时至 4 时是冰钓的黄金时间。冬春之交，有时会遇到气温骤然升高10℃的不宜情况。这时去冰钓，因为鱼儿不适应，鱼会从底层游到中、上层活动，不爱摄食。冰层的厚薄不一样，应在冰层厚而结实的冰面打洞垂钓。

2. 钓具

穿冰眼钓鱼用具与夏季钓鱼用具的选择根本不同。鱼竿使钓者与冰窟的距离要远，以免钓者惊动冰水中鱼；鱼线不能短于水的深度。鱼线要选细线，线径在 0.18 毫米就行，主钓线以线径 0.2 ~0.3 毫米为宜，脑线使用线径 0.165 毫米的单系强力线。冬天冰眼没有大的水浪，鱼漂一般用长 8 厘米以下的筒漂。鱼钩选用伊势尼 3 号或海夕 4 号鱼钩，因为冬季天气寒冷，鱼儿不爱游动，嘴张得也小，所以鱼钩小、线宜软、坠宜轻、漂宜短。总的原则是针对鱼活动较少，活动迟缓，摄食动作轻的特点，增加钓组的灵敏度。还应用钢筋自制一把搭钩，钓到大鱼时，等鱼头露出水面要及时用搭钩搭鱼上冰面。

3. 钓饵

冬季冰钓的钓饵主要以红虫、蚯蚓为主（红虫优于蚯蚓），蚯蚓红虫很结实，可以持续使用，一般一串红虫最好拴5~6条。用蚯蚓一般情况下小鱼很少吃，蚯蚓容易碎，需要勤换，鱼饵最好用包米面掺加豆粉合制而成。先把细包米面用开水搅拌加热蒸熟（大约加热20分钟即可）。取出后，用豆粉掺和。上鱼饵时，一定要注意小而软。由于钓饵大于鱼嘴，鱼吃起来比较困难，实践证明，冰钓时用荤饵比用素饵上钩率高得多。

4. 钓位与凿洞

冰钓的原则是人找鱼，而非其他季节的打窝子招鱼、坐等。冬钓的地点多在水库的上游、河叉之中，选钓点都选在深水面有茂密水草的地方，河道的凹凸处（凸优于凹），冰窟的位置要靠近河岸一些，但不是越近越好，大约1~2米，如果冰下有草且有光照更好，因为这是冬季鱼栖息的好地方。“有草必有鱼，鱼有鱼道。”觅食、产卵、避阳或越冬的理想场所。气泡多水草就多，反之则无草。因为水草受太阳光的照射产生大量的氧气，气体上来受到冰面的阻挡出不来，所以在冰层中形成了很多气泡。水草太密鱼儿游动不便，摄食困难，要找水草相对稀疏或草较矮小的冰面为钓点。冰钓一般在冰厚度达7~8厘米即可上冰垂钓。有的省份和地区，气温再下降，水面结冰也只是薄薄一层，欲上冰凿洞垂钓是不行的。传统的冰钓从岸上用重物破薄冰垂钓采用砸洞的方法，砸不远难砸开，砸开了，洞中破碎的冰块难捞，浮在水面影响下钩和浮漂的灵敏性；凿冰的巨响会将方圆数米甚至十几米范围内的鱼儿惊跑。根据钓友河南信阳沈忠毅薄冰垂钓经验，出发前带上一热水瓶开水和几个完好无损的小号塑料膜食品包装袋。到达塘边选好窝位，即可将塑料薄膜袋手提部位固定在钓竿尖梢上。用钓竿提起热水袋放在冰面上，逐节拔出钓竿，将热水袋轻松而迅速地沿光滑的冰面送至选准的窝位。手持钓竿，令热水袋在窝位的冰面上画直径 20 厘米左右的圈，冰面开始受热融化。2～3 分钟，袋中水温已接近塘水的温度，收回，解袋倒去凉水，再加足热水，复融冰。一般 1～2 厘米厚的冰层，只需 2～3 袋热水即可卸下塑料薄膜袋，装上撒窝器，将配好的香诱饵倒进冰洞就可以装上线、漂、钩，挂饵垂钓了。整个过程不到半小时便可完成。我国北方冬季严寒，冰的厚度达到 8～10 厘米，需用冰镐或电冰钻凿钻冰眼，凿洞以 6～8 个洞为一组，洞口直径 15～20 厘米（太大不爱上鱼），洞与洞之间距离 30 厘米，排列为扇面形。垂钓的水深从一天的时间讲"早钓深，午钓浅"，所以洞要凿到 1.2～2 米的深水区域，凿好洞垂钓最多 20 分钟就应上鱼，如在此时间内漂没有动应重新凿洞，不要在原洞 10 米以内凿新洞。冰眼凿好后为了避免碎冰挂钓竿和钓线，用笊篱把冰眼洞内碎冰捞起，应把冰洞的四周尖利的碴口蹭平，防止上大鱼时冰碴伤线或冰缝卡住鱼漂跑鱼。钓点冰眼凿成后，即可调漂上饵垂钓，冰层逐渐加厚到十几或几十厘米时，需要研究解冻垂钓新方法。

5. 钓法

刚上冻不久可找料台前下竿，因为鱼以前在此觅食已成习惯，冻冰后仍会条件反射前来觅食。许多鱼塘冬天要在冰上破洞可用较长竿钓鱼，但要注意安全。如果冰钓选点不当，冰眼很难一下就凿在鱼的聚集点或鱼道上，加之冬季天寒冰冻，许多鱼处于半休眠状态，很少主动觅食，对固定不动的饵不感兴趣。每打一组孔，如有鱼，5～10分钟即有鱼上钩。凿开冰眼后30分钟左右仍无鱼吞饵，应换位它处，不应死守一点。换的点位要在有水草、向阳的位置开眼下钩，不应盲目乱砸。勤提竿引逗，上下提动饵钩，引逗在距水底3～5厘米的范围内，使死饵变成“活食”，可诱引附近的鱼儿上钩。提动饵钩动作宜轻缓，还可用少量红虫或颗粒饵料往冰眼里撒窝子。活动的鱼饵可以增加上鱼机会。在提动饵钩引逗不奏效时，就应抬竿提线，使饵钩在冰洞中不断变换位置，这在找到鱼道或深坑的钓点很有效。冰钓上鱼高低很大程度上是看漂。鱼儿咬钩提竿时机的掌握尤为重要。要专注不走神，漂看得准，上鱼率自然就高。冬季与夏季区别很大，穿冰眼垂钓漂动不必等到送漂（漂上升）或拉漂（漂下沉）起竿上鱼率才十拿九稳。最好是鱼漂刚上浮（鱼漂动高出水平面为准）就马上提竿，鱼便随之而上。一般的情况下“小鱼在前，大鱼在后”闹完小鱼必来大鱼，一群一拨按此规律游动。冬季严寒冰钓凿洞垂钓者最好穿羽绒服，既轻又暖。戴手套时左手大拇指和二拇指要露出（把左手套大拇指套和二拇指套剪去），鞋要穿厚些暖和的（大头棉鞋最佳）。在冰钓中，某处出鱼多，一时间数十人扎堆在很小范围的冰面上，更要注意在冰上凿洞穿钓者的安全。

89. 近海冬钓应掌握哪些垂钓要领?

冬季，鱼在深水海底中，以群体聚居生活为主，处休眠或半休眠状态，洄游范围小，多则十几米；进食量少，只靠呼吸吸食海水底层少量有机物，不足部分，由体内储备的营养补充。根据这些特点，近海冬钓应做到以下几点：

1. 冬钓时间

近海冬钓的垂钓要熟悉海情、潮汐。冬钓适合一些风小、有太阳、气温较高的天气。北风、西北风 5 级以下，西风、西南风 4 级以下，浪高 0.5 ~ 1 米的中小浪好天好海每天都可以垂钓。东南风、东风、东北风不宜垂钓。为此，要注意天气、海情预报，大汛期比小汛期更有优势。阴历每月 13 日、27 日起汛，17 日、18 日和次月初一、初二日为大汛顶（高潮）。大汛期前后，潮汐大涨大落，挡浪坝外大石块露出水面多，离深水海底近，垂钓时间长。垂钓的时间，一般在潮汐落到半潮后开始，直到干潮底，再涨到半潮，前后约 5 ~ 6 个小时。为此，一定要熟悉当地海域、港湾高潮、低潮时间表，做到宁可人等潮，不可潮等人。

2. 钓具

钓竿应采用 4 ~ 5 米海竿，竿梢末端直径在 1.5 ~ 2 毫米以上。为提高灵敏度，本线可采用国产线直径 0.45 毫米或 0.5 毫米，进口线直径 0.4 毫米或 0.45 毫米，脚线可采用直径 0.4 毫米以下、长度在 15 厘米左右的国产线。冬季鱼嘴僵硬，吞食不灵活，钓钩可采用国产钩 306 号或 307 号，进口钩12号或13号小钩。钓坠要比平时习惯用坠略大一点，如果平时习惯用坠20克，冬钓需增加到25克左右。

3. 钓饵

鱼冬季对荤饵是百般挑剔，为此，要选用活的、新鲜度高的可口的荤饵，沙蚕、礓蚕、管蚕做钓饵，采取少挂勤换的方法，诱鱼上钩。

4. 钓位

当潮汐落到半潮时，要观察选择离水面近、顶面较平、能站（坐）人的大石块或水泥块为钓位，钩、坠能垂直送到海底（水深4~5米），并能判断出海底是软泥结构的立足点则当潮汐继续下落，应随潮落向下移动钓位，寻找新的立足点。每次垂钓一般选择4~5个立足点，从这些钓点中筛选出水位深、底质软、无挂涩感、收获大的钓点，为最佳钓点。然后通过试钓操作，弃劣存优，抓住好窝子，展开重点垂钓。

5. 钓法

由于冬季鱼的活动量和觅食量不大，因此，撒了窝子后一般要等2~3个小时，鱼才会拢窝咬钩，有时还要等到下午四五点钟时才有大些的鱼上钩。如果撒了窝子后，一会儿不见鱼咬钩就换地方，就不容易调到鱼甚至一无所得。由此可见，冬钓中的耐心等待是很重要的。此外，冬季海钓天气寒冷，风大浪涌。既要自身保暖，又要注意安全。

90. 怎样利用鱼类趋光性捕鱼?

鱼类中有一些鱼对光照有较强的敏感性，有许多鱼类却有明显的趋光习性，在趋光性的鱼类中最常见的是那些仅在白昼才摄食的中、上层鱼类。如鲐鱼在索饵期从太阳出来开始吃食，把肚子填得饱饱的，它天黑后就绝不再吃食饵了。由于它们长期在光亮的条件下摄食，光照就形成为它们摄食的信号。这些鱼在夜间看到灯光后，也会引起它们的食欲纷纷跑出来寻找食物。海洋中许多小鱼、小虾及一些浮游动物往往都有很强的趋光性，它们就形成了被光诱来的鱼群的食物。在海洋中目前所知道的趋光性较强的鱼，是一些个体较小、生命周期较短、数量较多而且比较喜欢暖一些的上层鱼类，如沙丁鱼、竹荚鱼、鲱鱼、鳀鱼等，以及底栖鱼类，如鲀鱼，鲷鱼等。在某些鱼类中趋光性能引起其行动上的反应。例如鳗鲡自江河入海时，是回避光线的，所以它选择在夜深人静之际往大海里游去；假如一旦出现亮光，那么鳗鲡就会停止前进。

鱼类的趋光性反应受到多方面的影响。不仅与海洋环境中的温度、盐度、透明度、水流、潮流、风向、风力等诸多因素有着复杂的关系，而且与鱼类自身的生理状态等亦有关系。通过实验表明，不同年龄的鱼类，对于人工光源有着不同的反应。一些鱼会对光产生惊怕，这些鱼均为晚上索饵的鱼类；另一些鱼则接受光的引诱，尤其在人工光照下表现出强烈的活动能力，这些鱼均为日间捕食的鱼类。不过当吃饱以后对光的反应又不积极了。

有些鱼类不是全年都有趋光性，而是在某一时期，如在索饵期、产卵期和越冬期有趋光性。生活在日本海的叉牙鱼在产卵前有趋光性。还有些鱼类在幼鱼时期是有趋光性的，但长到成鱼时期则是厌光的，如鰕虎鱼、白鲑。

有些外界的生物环境也影响着鱼类的趋光程度。不少研究者证明，小型鱼类上浮到海面，并在水下光照区内聚集在光照区的浮游生物或幼鱼。此外，不同种类的鱼对光的强度和光谱组成的反应也不同。鱼类这种趋光的习性已被捕捞者所利用。

灯光诱捕的基本道理就是利用某些中、上层鱼类有趋光的特性，在夜间用灯光把分散的鱼类诱集成群，然后用各种捕捞工具捕获。如果垂钓者对这种趋光性有所了解，借鉴灯光诱捕捞也会大有益处。光诱捕鱼方法介绍如下：

1. 灯光诱鱼区的选定

利用灯光诱鱼，最好选定生活在中上层鱼类较多的渔场。选定渔场后，还要用探鱼仪探索鱼群更集中的海区进行光诱。

2. 光诱时间的选定

选择黄昏时和黎明之前诱集鱼类效果最好。

3. 灯光布局

照明方式的选定、光源的布置都会直接关系到灯光诱鱼的效果。而详细了解每种鱼在不同季节的垂直移动习性，是正确选择照明方式的首要条件；掌握鱼类在光区内行动的特点，是合理布置光源的全面依据。

91. 钓鱼的鱼钩挂住了障碍物怎样处理?

钓鱼的鱼钩被水中的水草、树枝、荷叶秆等障碍物挂住的现象常有发生。钓竿是有一定承受力的，鱼线太粗拉力增大，若超过鱼竿的承受力，竿断鱼跑。如果出现这种情况怎样处理，处理不当容易断钩断线甚至断竿、跑鱼。钓鱼时遇到鱼钩挂住障碍物可采取以下处理方法。

（一）鱼钩挂住了障碍物以后不要用力向上挑而应将竿放平，使竿、线、钩形成一条直线，手握鱼竿慢慢向后退，直至将河底异物拉出。这样至多把线扯断，而不会损坏鱼竿。

（二）将鱼竿梢放到水面上，使挂着的钩变换位置，轻轻向自己方向拉，很容易顺手把异物拉出来。

（三）采用上法不能将鱼钩从障碍物中拉出来，如钩位不远可用长竹竿把障碍物拉出来。

（四）采用以上各法无果，只有慢慢转动竿子，把钓线与浮漂都绕到竿子上，然后用劲硬拉。可能拉出钩或断钩但能保住钓线、钓竿和浮漂。

第六章　钓鱼竞技比赛

钓鱼活动集健身、娱乐和交友为一体，是一项陶冶身心、精神愉悦、丰富活跃业余生活，有益于身心健康的体育活动。不论职业、性别、年龄限制。钓鱼有着“小运动、大学问”的特点，竞技比赛能为广大钓鱼爱好者提供交流经验，提高技艺，检验垂钓水平，增进友谊，广阔的天地起到推动垂钓活动发展的作用。广大钓鱼爱好者参加钓鱼比赛是一个很好的锻炼机会。

92. 钓鱼比赛前应做好哪些准备工作?

钓鱼竞技比赛前就要做好参赛前的准备工作，主要做好以下准备工作。

（一）饵料准备

在钓鱼竞技比赛前需要备好所需饵料，什么样鱼食都要备，这是垂钓最重要的物质条件之一。因为鱼以食为天。鱼的一生除了交配产卵繁殖后代以外，几乎整天都游到食物丰富水域觅食，为了便于组织钓鱼竞技比赛活动开展，除了海钓，绝大多数都在人工养鱼池塘中进行。人工养鱼大多投喂素食或颗粒饲料，一般准备的饵料主要有黏米、玉米面、米饭粒等制成主饵，另加较强诱惑力的配料，如鱼粉、韭菜汁、酒精、鸡粪、牛粪、尿泡臭蛋等也必不可少。同时还要准备不同风味如酸、臭、香味的糟食和备足一些荤腥活食，如蚯蚓、蝇蛆、红虫、肉丁、青虫、蚱蜢、小鱼虾、青蛙等。备足所需的鱼饵宁可不用也不可不备，以免需用时一旦缺少必然影响垂钓效果。

（二）钓具准备

钓具和辅助钓具备件都要备全，并摆放在手边，以方便应用。

（1）鱼竿　主要钓具，可按规定备带同样规格的鱼竿两副，以手竿为例，可备带竹制插接式的和玻璃钢拉伸式的手竿各一副，参赛时两支相互备用。

（2）鱼线　应将直径0.1～0.5毫米与钩环配套的鱼线都备齐，并将鱼线安装在鱼钩框架子上，可随时取用。防止耽误比赛钓鱼时间影响成绩。

（3）鱼钩　要根据选取鱼钩的标准，从小号到大号，从长柄到短柄的鱼钩都需备齐，还要将备用钩的脑线全拴好。单钩、双钩、组钩都应分门别类搁在挂钩器上以便随时取用。

（4）鱼漂和鱼坠　备带齐全，卧漂、活、死坠，并配好套，即大漂配重坠，小漂用轻坠，以免临阵配套，延误比赛垂钓时间，把精力投入到钓鱼上去可获取好成绩。

（5）其他准备　除了主要垂钓工具准备以外，还应把辅助工具如鱼竿架、鱼护、小椅凳、遮阳伞、网兜、摘钩器、拌饵料器皿、小铁铣、墨镜、雨具、饮水具、食品及必备药品都要有所准备，有利于钓鱼参赛者个人水平的发挥。

93. 钓鱼比赛应有哪些项目和规则内容？

钓鱼比赛的竞赛规程，没有一个统一的标准，各地都是因地、因时做出规定。

一、比赛项目

（一）钓重

不限鱼种，准时称重，计量统一、衡量规格一致，以总重量多少排列名次。

（二）钓大

不限鱼种，以单尾重量多少排列名次。

（三）钓小

以小为胜，由小到大排列名次。

（四）钓多

不限鱼种和大小，以总尾数多少排列名次。

（五）钓单鱼种

只限某一种鱼，钓其他鱼种不计成绩。钓单鱼种亦可进行“钓大”“钓重”“钓多”等项目的比赛。

（六）多项目比赛（钓鱼运动会）

一场竞钓，分项裁判，分别排列名次，每个运动员和团体均可兼得优胜。亦可分钓区多项目同时或先后进行，由运动员自选项目参加比赛。

（七）抛竿投远赛

在陆地或水面用抛射竿投钩（带坨），以远和准两项指标评定优劣。

二、比赛时间

（一）单项比赛，每场净钓时间不得少于4小时

（二）同时进行两个项目以上的比赛，每场的净钓时间不得少于6小时

三、赛场和赛区分配

（一）钓鱼比赛的赛场

多辟各种水草茂盛或水域宽阔，水质纯正，自然环境良好，风景秀丽的幽静野塘为主赛场为好，因为选在那里作为钓鱼主要赛场的优点是能使参赛者可以随意选择佳地钓位，不受在鱼塘比赛固定钓位的限制，垂钓于碧波绿草之中，既是钓技比赛又有助于身心健康，参赛的人多也不会出现竿碰竿、线碰线，也可避免发生钩伤现象。同时，较合理地解决了“偶然性”，充分发挥参赛者垂钓技巧和本领。此外，多辟野塘为主赛场，可节省鱼线，能较好地解决钓赛经费不足的困难。

（二）赛区的分配

1. 凡赛区岸边地形地貌比较整齐，上下游水深差别不大的地方，可将赛区分段编号，采取组、队抽签对号入座的办法分配钓位。

2. 凡赛区岸边地形地貌比较整齐，上下游水深差别较大的地方，应采取在指定较大区域内，让各组、队自选钓位的办法分配钓位。

94. 钓鱼比赛裁判员应怎样做好裁判工作？

做好钓鱼比赛的裁判工作是组织钓鱼比赛的重要环节。为此在筹备钓鱼比赛前推选热爱集体、工作认真、办事公正无私的钓鱼爱好者参加裁判员训练，需要裁判员认真学习理解比赛规则，培养裁判员自身的素质，得到公认才能出现在钓鱼比赛中。裁判员的认真负责、秉公执法、公正裁决，要使钓手心服口服，还需做到以下几点：

（一）执法要严，多做宣传

要搞好比赛，首先裁判员应要求其负责的赛区钓手自觉遵守比赛规则。对于那些违犯规则的钓手要不讲情面，严格执法。但说话要和气，指出钓手所违犯的是哪条规则，让其心服口服，并记录在案，作为评比的依据。

（二）巡查要勤，不能做指导

裁判员临场懒散会造成不能及时发现犯规现象，裁判员在巡视时不能给自己的熟人传递信息，更不能把领先成绩的选手的钩、诱饵拿给自己的熟人，这种不恰当的行为违反了裁判员的守则。

● （三）准时计量，坚持原则●

裁判员在计量时一定要一视同仁，称重结果在报数时要大声说出，对那些私自离开自己钓位的运动员一律不给计量，按零分计算，这样既防止了作弊，又不影响比赛秩序。

● （四）对个别缺乏认真严肃态度，组织纪律松散不能坚持原则的裁判员应及时进行调换，不断吐故纳新，增强裁判实力，在参赛钓手的心目中有一个好的形象●

● （五）裁判员检查运动员参赛中一切不符合规定和投机取巧的行为。主要检查以下内容●

1. 检查每个钓位的运动员按规定准时参赛，迟到参赛所失误时间不予补偿。

2. 检查每个运动员的钓具、钓饵是否符合竞技比赛规定的标准与要求。

3. 检查是否有人在发令前投放饵料撒窝和竿线提前入水。

4. 检查是否有人在结束信号发出后，还继续违例垂钓，如果结束信号前，大鱼确已上钩溜鱼时间最多不得超过 10 分钟，否则无效。

5. 检查运动员的垂钓情况，避免钓位移动越界或撒窝越界，影响他人的情况出现。

6. 检查运动员所钓获的鱼种、钓获鱼的部位是否符合要求。

●（六）裁判方法●

钓鱼比赛的裁判方法应根据比赛规模和项目而定，主要采取以下几种裁判方法供参考。

1. 钓鱼比赛裁判按钓区分工，定区分段不定参赛运动员或以抽签定队（组），包队包区。

2. 钓鱼比赛一般应当一尾一称重一记录，同时收鱼。在钓鱼小型比赛中亦可一次称重点数和记录的方法。

3. 参赛钓鱼运动员不经裁判员检斤记录不得离位，严禁到钓鱼比赛结束后到会场检斤。

4. 限钩刺鱼口腔，对于钩刺其他部位者不计成绩。

5. 在不限鱼种比赛中，鳝、鳅和甲鱼（鳖）应计成绩，虾、蟹和其他水产动物如蛙、贝类等不计成绩。

6. 自选钓位垂钓者间隔不得小于 5 米。发现故意妨碍他人垂钓者应立即取消其比赛资格。

7. 撒窝方法不限，但不准使用有毒、有害饵料，不准提前撒窝，不准撒备用窝。

8. 比赛开始 2 小时鱼不上钩，裁判应允许参赛者更换钓位，但每场比赛参赛者更换钩位不允许超过 2 次。

9. 比赛中参赛者一律自钓自取，不准互相帮助，不准两人共用一个护鱼器。

10. 比赛规定时间结束，听到终止令应立即起钩，此时已上钩未出水的鱼仍然有效。

11. 无论是运动员自己还是邻位的成绩都要公正、公开。两个（组、队）数量等同者，应并列同等名次。

12. 结束赛比赛总指挥或裁判长要复查裁判员记分员检斤

唱数和填写成绩是否准确。成绩卡须经运动员和裁判、记分员共同签名。在比赛进程中，如遇裁判员之间或裁判员与运动员之间意见分歧时，应深入调查研究，听取双方意见，根据规则精神给予妥善解决。如发现犯规者应及时警告，对不服警告和严重犯规者，报请总裁判或裁判长取消其比赛资格。

95. 垂钓时怎样调配饵料提高鱼的上钩率?

鱼类吞饵进食与鱼类的感觉器官即视觉、嗅觉、味觉、触觉和听觉有密切关系。视觉：大多数鱼类一般视觉不敏感，“近视”状态的鱼占绝大多数。听觉：一般鱼类大多具有感受声音的能力。因此反复投竿，其声音能招来鱼向钓点集聚。因此施钓时可通过声响发出进食信号。鱼在水域中如有凶猛鱼类和危险信号，便从触须和侧线通过神经系统迅速传到大脑马上采取避开措施。总之垂钓应按不同鱼感觉特征调配饵料可提高获钓率。

第七章　参加钓鱼活动应注意的问题

96. 怎样保护水产资源?

为了保护鱼类资源保护小鱼苗，垂钓使用无倒刺鱼钩钓鱼，钓到小鱼立即放回水中。但在垂钓者经常遇到钓获的鱼，不论鱼种、不分大小都装进鱼护，钓上的小鱼除去头尾后很少有肉，吃着满口刺，而且小鱼可生长繁殖。在繁殖期鱼儿食欲特别旺盛，是钓鱼上钩的黄金时期。垂钓者不应只看眼前利益，应以长远利益为重，不要过早垂钓，以免伤害鱼群。鱼儿产卵期应少钓，最好不要垂钓。尤其是在垂钓活动中滥用有毒的药物饵料会造成公害。还有一些人为了个人捕鱼采取不道德、甚至违法的恶劣行为，如用炸药炸鱼（有时每天可见多起）、用小船载着柴油发电机电鱼、用网眼很小的拉网（俗称刮地穷）捕鱼、用药毒鱼等，使水生物遭到灭顶之灾，水质也遭到破坏；同时也给社会治安带来不安定的因素。鱼类资源不容破坏，希望有关部门采取有力措施，制止不道德和违法的行为，加强保护鱼类资源。

97. 在钓鱼活动中怎样注意搞好安全?

钓鱼者在钓鱼过程中安全保健不可忽视。注意旅途和垂钓安全，不宜在陡坡、滑地、悬崖及水深危险的地区垂钓。为了保证安全，特别注意不要在有高压线、电线下面垂钓，以免发生生命危险。否则就得不偿失了。在雷雨时不宜垂钓，在雷雨天钓鱼要避免雷电伤害。

到池边钓鱼，钓鱼时可别只顾享受乐趣而伤了身体，需谨防以下 4 点。

1. 不宜长时间暴露在阳光之下。露天钓鱼阳光直射到皮肤上，要及时采取防晒措施，减少皮肤裸露面积，更不宜在紫外线最强的正午钓鱼，避免受到日光紫外线的伤害，比如会出现头晕、呕吐、乏力等类似中暑的症状。而且长时间受到阳光的照射，还会引起皮肤炎、色素沉着等，所以应避免日晒，在涂抹防晒霜的同时，还要使用遮阳伞或者戴遮阳帽。

2. 钓鱼者应科学用眼，保护自己的眼睛，因为阳光中的紫外线对人的眼睛是会造成损伤的，同时眼睛受到过强的白光照射也会引起眼底视网膜的损伤，造成视力减退等。因此，在强烈阳光下钓鱼时最好戴上一副墨镜或太阳镜为好。不要选择阳光直射的地方，因为在面对太阳的逆光方向即使是在树荫下，水面会像镜子一样反射光线而晃眼，尤其是水面被微风吹动时会出现许多波纹，波纹被太阳光照射像无数面小镜子似的反射光线。假如你待的地方方向或角度不适，会被这些刺眼的反射光晃得眼花缭乱，不但影响观察浮子的动向，而且时间长了就会造成对眼睛的伤害。另外，钓鱼时精神放轻松，不要过度紧张而死盯着水漂。长时间死盯着浮子会使眼睛过度疲劳，科学的方法是注视一会儿水漂，抬头向远方的水草树木巡视一下，因为当眼向远方自然瞭望时眼睛的晶状体和睫状肌是处于松弛状态，这样放松一下眼睛有利于恢复眼睛的疲劳。有些老年垂钓者注意力过于集中，一天下来感觉眼睛发干，眼部肌肉酸痛，老想流泪，甚至会出现视力模糊。钓鱼过程中要不时地远眺或合上双眼，以调节视力使眼睛得到休息。

3. 垂钓要讲究卫生。钓鱼会带上各种鱼饵，这些鱼饵中含有大量的细菌和寄生虫，有些人在吃东西前，用鱼塘里或河里的水洗手，这样做细菌和寄生虫易通过接触饮食进入人体内，引起腹泻。所以，去钓鱼时可以带消毒湿巾和免洗洗手液。

4. 夏季带防蚊油及清凉用品。春季垂钓时阳光充足，紫外线增多，加上春季风沙大，空气中飞扬着浮尘、花粉等物质，有些干性皮肤或有脂溢性皮炎的人，面部自然保护层少，受到花粉、空气污染物以及各种微生物的侵袭后，再加上阳光中紫外线的照射，就会出现一系列炎症反应，皮肤出现瘙痒、发红、脱屑等症状，即“桃花癣”。有过敏史的人则应用纱布蒙住面部裸露部位皮肤。一旦患了“桃花癣”，不要用热水烫脸或蒸面等方法来解痒，也不能使用治疗癣的药物，否则会加重病情。症状轻者可用一些保湿性的护肤品或药品，反复发作者可在医生指导下，使用皮质类、固醇类外用药。长期从事伏案工作的钓友，在手竿钓鱼时，要不断地调换垂钓姿势（如站立与坐着交替），谨防颈椎病发生至为重要。对于那些原本就患有心脑血管病等慢性疾病的老人们来说，钓鱼时久坐不动会引起血流过缓，容易增加血栓形成的机会。所以，老人钓鱼时要经常调整钓鱼姿势以减少疲劳，半小时左右应活动一下身体，调节一下注意力。

98. 雨天打雷时垂钓对健康和安全有哪些危害?怎样防止雷击?

夏季雷雨天气较多，也是雷电频发时期。夏季出钓，如果赶上打雷下雨天，坚持垂钓对人有危险。必须做好防治雷击的各种准备。因为垂钓者大都要选择在没有遮掩的荒郊野外进行，加之鱼竿一旦被淋湿就变成了导体，这样一打雷，往往很容易被雷击中，酿成钓手伤害致死。因此，在每次出钓前应注意收听收看天气预报，打雷的雨天不宜垂钓，应进入室内，关闭门窗，远离门窗，关掉电闸，切断电源。如果在野外垂钓时，赶上雷雨时应该在雷暴之前采取以下预防雷击的应急措施。

（一）雷雨天切勿在江河或湖边等水上进行垂钓活动；不要急于骑自行车、电动车和摩托车冒雨返回。

（二）雷雨时，应远离天线、电线杆、高塔、高压线、高压变电所、独树下或建筑物下、墙根及避雷针的接地装置处避雨，更不要站在空旷的高地上或在水中划船，因为这些地方容易遭雷击。

（三）停止易接触雷电的活动。在垂钓场地，不要用金属立柱的雨伞，不要使用铁棒等金属工具，不宜把钓竿高高举起或扛在肩头，应及时把鱼竿置放后远离；不要打手机，而是要立即把手机关闭；切勿触摸避雷装置的接地导线。

（四）在野外遇雷雨，不要惊慌奔跑，不要许多人挤在一起，应选择地势低洼处，双脚并拢蹲下（其他部位不要触地），尽量缩小目标。赶上雷雨时，不要使用电脑或收音机，不要打电话，更不要在室外使用手机。

雷击和触电伤人，如果强大的闪电脉冲电流通过人体心脏，可引起心室纤维性颤动，心脏停跳，全身供血障碍；如雷电电流伤害大脑、呼吸中枢，可使人的呼吸停止；当然强大的电流还可造成严重的烧伤，以至于死亡。

一旦发现雷击或触电时，对于触电者的急救应分秒必争。首先拨“120”报警求救。然后进行现场急救。在确保自身安全前提下，将触电者迅速脱离电源，将触电者拖离危险区域，看看病人是否还有呼吸、心跳，如没有，要立即刺激触电者的心脏，并对其实行人工呼吸和心肺复苏。闪电可能导致身体暂时性麻痹，出现昏迷。对病人要进行急救，不要放弃，直到病人醒来。如伤者神志清醒，呼吸心跳均正常，应让伤者就地平卧，严密观察，暂时不要站立或走动，防止继发休克或心衰。伤者丧失意识时要立即求救“120”救护车，并尝试唤醒患者。如发现其呼吸停止，心跳缓慢，就地平卧解松衣扣，畅通气道，应立即采取口对口人工呼吸和胸外按压等复苏措施（少数者除外），一般抢救时间不得少于60～90分钟。直到使触电者恢复呼吸、心跳，或确诊已无生还希望时为止。现场抢救最好能两人分别试行人工呼吸及胸外按压，人工呼吸 1 次，心脏按压 5 次。如现场抢救仅 1 人，先做胸外心脏按压 15 次，再口对口人工呼吸 2 次，如此交替进行，抢救一定要坚持到底。心搏停止、呼吸存在者，应立即做胸外心脏按压，以免造成重大伤亡事故。

第八章　垂钓鱼的烹调

99. 鱼类怎样保鲜？

鱼类食品营养丰富，味道鲜美，肉质口感好，由于它的生化结构在微生物及酶的作用下鱼类又特别容易腐烂。但由于钓到的鱼保鲜措施不当，鲜鱼变成腥臭鱼，营养也受到破坏，这实在可惜。下面将鱼类钓场临时性保鲜处理减少鱼死亡率的几种比较有效的延长鱼存活方法介绍给广大钓鱼爱好者参考。

（一）鱼护要求用网眼小、线柔的鱼护，鱼在其中可以避免硬线摩擦鱼的皮肤和鳞片。夏季宜用有铁丝圈的大鱼护，鱼可在鱼护中自由游动，生活舒适延长鱼的死亡时间。

（二）为了减少提动鱼护，减少挣扎活动的死亡，将远离鱼护钓点钓的鱼装进另外准备的小鱼护，然后放入大鱼护。若大鱼护中鱼过多太挤，再将其中一部分鱼装入另外一个鱼护中放养。

（三）把钓到的鱼放入鱼护中时动作要轻，让鱼顺着鱼护边沿滑入。

（四）无论哪个钓点钓鱼如有阳光照射，可将钓到的鱼放入鱼护中，将鱼护远离钓位，送到树荫下水中或水草丛中，不宜挪动、提起鱼护，尽量减少鱼的挣扎活动。

（五）把钓到的鱼装入鱼护中放到水位较深的水中，在鱼护中可加一块石子在里面，尽量使鱼沉入深层水中，表层水温度高，受外界影响大，活鱼惊恐不安容易加速死亡。深层水环境安静，强烈的阳光已被表层水吸收、散射、折射和反射掉一部分，所以深层水温度低，鱼类耗氧低。钓场的低温水，对鱼的保活率是很高的。

（六）捞取鲜嫩清洁的湿水草铺在鱼护底下，在水草上放钓到的鱼，然后在鱼身上再铺一层湿水草，这样可以使鱼见不到强光降低鱼身周围的温度，减少水分蒸发，鱼护中有多层新鲜清洁湿水草，可减少运鱼途中的颠簸避免鱼受外伤，但用此法保持鱼鲜活时间不长。

（七）垂钓获得了鲤鱼、鲫鱼保鲜方法如下。

1. 购置了一个直径300毫米左右的缸钵（土陶瓷制的），装满水放在水龙头下，将水开到水表最慢的转速使水慢慢交换。

2. 用筷子头蘸上10毫克左右的食盐，放入还在活动的鲫鱼、鲤鱼口中。然后，将鱼放入加少量盐的清水内。在几分钟之内，鲤、鲫鱼就安然浮动了。最后放入你备好的土陶缸钵里，经常放点米饭或淘米后细小米粒也可以。

3. 按此法可以在直径300毫米的土缸钵内养15厘米以下的鲤、鲫鱼1.5千克左右。此法可养鱼半年至一年。热天鱼儿在水面浮游表明水中氧气不足或温度不适。可将水稍开大点，一会儿鱼就会重新沉入水底了。观看鱼儿的游动。

（八）在垂钓前准备一小瓶白酒（最好是质量好一点的曲酒）放入干净的塑料袋，当垂钓完毕返回前，将塑料袋装上池水，倒入少量曲酒（水酒比约20：1），再把所钓之鱼放入塑料袋水中呼吸2～3分钟，然后倒掉水把鱼放入鱼护，用湿毛巾把鱼护包住即可。这样就可以达到部分消毒、防腐保鲜之目的。如在个头大的鱼口中再滴入2～3滴曲酒，效果更好。回家后如果鱼儿还活着，立即放入冰柜速冻，也可把暂时不吃的鱼逐个口中滴酒，鱼体外表用棉花球蘸酒擦拭，可以延长鱼体保鲜时间。

（九）夏季天气炎热，钓到的鱼在水中浸泡一下午，晚上运回家，如超过2小时鱼就死亡变质。因此可将鲜鱼剖腹除去鳃和内脏，但要保留鱼鳞。因为鱼鳃是鱼的呼吸滤水器官，鳃丝极易沾染细菌，且存在大量污血和黏液。鱼的胃肠等内脏往往存留很多污秽物。鱼死后鱼体内这些部位的细菌开始迅速繁殖，逐渐遍及全身，加速鱼体腐败变质。即使采用低温冷藏也应及时去除净鱼的鳃和内脏，洗净鱼体血液和黏液或把钓到的鱼切成块用烧开后的凉盐水泡着，装鱼时在鱼身上撒些细盐，晚上运回家鱼肉仍可保鲜。但用盐量不能过多或过少，盐量过多影响鱼的鲜味；用盐过少，保鲜时间短或达不到防腐保鲜的目的。

100. 怎样识别不新鲜的鱼？

鉴别鱼的鲜度，应以检查鱼鳃为主，并结合其他方面的特征进行。新鲜鱼的鳃结构完整，色鲜红，鳃盖紧闭，不新鲜鱼的鳃由于血红蛋白开始分解，鳃色暗红色，变质或暗灰色或灰白色，鳃丝黏结，鳃盖松弛或略张开。识别不新鲜的鱼，其他方面的特征是鱼鳞部分脱落，无光泽。眼瞳四周有红边，眼球下陷，角膜浑浊。鳃盖张口或易于掀开，鳃呈黄红色或灰红色。腹内积液，鱼体易弯，气味不佳，露骨，肉松软易于自骨上移去；用手指按压易于压陷，且留指迹。肛门呈褐色，凸出。进行漂浮实验时，漂于水中。食用时必须经高温烹饪。

101. 怎样识别污染鱼？

被污染的鱼的特征是：形态不完整，头大尾小，脊椎弯曲，甚至出现畸形，还有皮肤发黄，尾部发青；带毒的鱼眼睛浑浊，失去正常的光泽，可向外鼓出；有毒的鱼鳃不光滑，较为粗糙，呈暗红色；正常的鱼有鲜腥味，但污染的鱼有异味。根据污染物的不同，可有大蒜味、氨味、煤油味、火药味等异味，含酚的鱼鳃还可能被火点燃。

102. 鱼体有哪些营养成分？

鱼是一种高品位的高蛋白低脂肪食品。鱼在我们的餐桌上是必不可少的食疗佳品。鱼肉细嫩，是由肌纤维较细的单个肌群所组成，具有口感好和易于消化吸收等优点。很适合病人、中老年人和儿童食用。鱼肉具有丰富的营养价值，完全蛋白质高达18%左右，而鸡蛋所含蛋白质只有14.7%，鸭蛋仅含蛋白质8.7%。鱼类含有人体必需的8种氨基酸。食物中蛋白质都不能直接被人体吸收，只有经过消化作用分解成各种氨基酸，然后再经过肝脏重新合成人体所需要的蛋白质，供组织更新和建造之用。鱼肉中脂肪和糖类含量较少，鱼肉中还含有多种维生素（如维生素A、维生素D和B族维生素等）、矿物质（如钾、钙、钠、磷、碘、锌、硒、镁、铁、溴等）。

鱼脑中含有丰富的多不饱和脂肪酸和磷脂类物质。这些物质有助于婴儿大脑的发育并具有辅助治疗老年痴呆症的作用。但鱼脑中也含有较多的胆固醇，因此不宜多吃。但是很多人都是吃它的肉，其实鱼身上的鱼鳞、鱼子、鱼鳔等都是营养美味的。还有增强记忆力、增长智力、增强视力、保护骨骼等多种食疗功效。据世界卫生组织调查证明，多吃鱼有助于预防心肌梗塞和脑血管梗塞。

103. 鱼体除鱼肉外还有哪些部位可食?鱼的哪些部位有毒不可食用?

●（一）鱼鳞●

鱼鳞的食疗价值可与鱼肉相媲美。鱼鳞中含有丰富的胆碱、蛋白质、不饱和脂肪酸、卵磷脂及钙、磷等矿物质。胆碱具有增强记忆力的作用。卵磷脂具有保护肝脏、促进神经和大脑发育的作用。不饱和脂肪酸具有防止动脉粥样硬化、肝胆固醇血症、高血压及心脏病的作用。因此，常吃鱼鳞对健康是很有益处的。

●（二）鱼鳔●

鱼鳔，别名鱼白、鱼胶。具有很高的营养价值，其蛋白质含量占84%，鱼鳔中含有大量胶原蛋白，是人体合成蛋白质的原料，且易于吸收和利用。鱼鳔还含有钙、铁、磷等矿物质和多种维生素，是理想的高蛋白、低脂肪食物。中医认为，鱼鳔性平，味甘，有补肾益精、滋阴养血的功效，自古以来就把鱼鳔作为补气养血、治疗虚损的药物。现代医学研究表明用鱼鳔制成的菜肴口感滑润、细腻。研究发现，鱼鳔中含有丰富的大分子胶原蛋白。该物质具有改善人体组织细胞营养状况、促进人体生长发育、延缓皮肤老化的作用。

●（三）鱼子●

现代研究发现，鱼子含有大量的蛋白质、卵磷脂、钙、磷、铁、锌以及多种维生素，营养极其丰富，是人体大脑和骨髓的良好滋养品，能治疗高脂血症、贫血、肝硬化、肝炎、神经衰弱等多种疾病。鱼子具有滋补强身作用。要注意，鱼子不易消化，一次不可食之过多。但有一些鱼子是有毒的，如河豚鱼子、鲇鱼鱼子，切不可擅自食之。除此之外，鱼体还有以下部位有毒不可食用。

（一）河豚鱼的肝脏、血液、卵巢生殖腺、鱼子均有毒，食后舌、唇、手足失去知觉、全身麻痹、血压下降，很快窒息死亡。

（二）鳇鱼、斑节唇鱼、鲇鱼、黑鱼的卵有毒，误食会引起呕吐、腹痛、腹泻、呼吸困难，其中中毒者会瘫痪。

（三）青鱼的胆有毒，误食会引起急性肠胃炎，如救治不及时会导致严重脱水，最后肾功能急性衰竭而死亡。

（四）鳜鱼背鳍硬刺有毒，钓获捕捉和宰杀时刺破手指剧痛，伤口长期不能愈合，流淌脓水。

（五）黄鳝的血液有毒，误食会对人的口腔、消化道和黏膜产生刺激作用，严重时会损害人体神经系统，使人的四肢麻木、呼吸和循环功能衰竭而死亡。

104. 海鱼为何无咸味？

海水中含有大量的盐分，既咸又苦涩，可是生活在海里的鱼类并没有咸的味道，它们究竟使用什么方法来抵挡海水中盐分的侵蚀呢？原来硬骨类海鱼的头部鳃片里，生长着一种特殊的构造，称之为“氯化物分泌细胞”的组织，具有排除盐分的特殊功能。鱼吐吞的海水经过它的过滤，进入人体内就成了淡水。海鱼就是靠这种本领，在咸的海水中自由自在的生活。

另一类软骨海鱼却有一种保持体内外渗透压平衡的本领。它们体内的血液里含有较多的尿素，当体液里的盐浓度比海水高时，就可以通过排尿的方式把盐分排出体外。

有些鱼类的生活适应特别强，它们能够游弋于江河湖海之间，畅行无阻，例如梭鱼、鳗鱼、鲥鱼等。这类鱼的“氯化物分泌细胞”组织更为高级，既能适应淡水，又能适应海水，能灵活的调整使用氯化物分泌细胞，适应海水和淡水的不同环境。所以这类鱼或是在河中产卵，在海里生长；或是在海里产卵，在河里生长。

如今，受海鱼鳃片上氯化物分泌细胞的启发，科学家们正积极研究海水淡化装置。有朝一日，当仿生学揭开氯化物分泌细胞的秘密，常年与大海打交道的人们，就再也不会有淡水不足的后顾之忧了。

105. 鱼刺卡喉应该怎样处理？

鱼刺卡喉的情况多是在吃饭赶时间或聊天注意力不集中的时候发生，因为咀嚼和吞咽不协调，容易发生鱼刺卡喉。老人吃鱼时要留心，不要太快，注意力要集中。先把鱼刺或骨头挑出来，吃的时候充分咀嚼。

鱼刺卡喉的位置通常有 3 个部位；左右扁桃体处、咽喉梨状窝处和食管入口处。80% 是鱼刺卡在扁桃体下端、舌根部咽喉梨状窝处。卡在这里的鱼刺大多很细很软，长度不超过 2 厘米，吞咽口水咽喉疼痛，异物感明显，如用手电照亮，只需镊子即可取出。如强行吞咽饭团、菜叶，以图将鱼刺咽下，则 20% 的鱼刺有可能刺入到深处，卡在食管狭窄处。出现这样情况多是比较大的鱼刺，患者当然没有明显反应，直到有了消化道炎症，如食管主动脉瘘。鱼刺直接戳在食管两侧的血管周围，稍有不慎可能穿透食管壁，刺破血管，引起大出血，或鱼刺卡在声门外，造成窒息。当然也有因鱼刺存留引起感染导致喉头水肿窒息死亡的。

一旦发现鱼刺卡喉，应该停止进食，连水都不要喝，减少吞咽动作，放松咽喉，到医院请医生取出鱼刺。使用手电照亮咽喉部，用小药匙将舌背压低，仔细检查咽喉下部，主要是咽喉入口两边，如果鱼刺不大，扎得不深，可用镊子取出。做吞咽动作，疼痛不减，咽喉入口四周均不见鱼刺，可能扎得较深，应及时去医院取出鱼刺，千万不要囫囵吞咽大块馒头、烙饼，包括韭菜等食物，这样处理不仅不会除掉鱼刺，反而使其刺得更深，更不易取出。强咽还可划伤咽喉，造成感染、发炎，可引起喉头水肿。食管损伤本身不会致命，但食管周围有很多重要结构，如大血管，鱼刺只要往动脉上一划，很容易发生意外。鱼刺扎入时间越长，咽喉、食管越容易伴发红肿糜烂，形成脓肿。此时，必须治疗炎症，再取出鱼刺。

主要参考文献

[1] 中国淡水养鱼经验总结委员会. 中国淡水鱼类养殖学. 北京：科学出版社，1978.

[2] 冯昭信. 鱼类学. 北京：中国农业出版社，1998.

[3] 于砇. 钓鱼技巧大全. 广州：世界图书出版公司，2005.

[4] 冯逢. 钓鱼指南. 长春：吉林科学技术出版社，2005.

[5] 海音. 科学钓鱼300问. 北京：金盾出版社，2014.

[6] 李典友，高松，高本刚. 水产生态养殖技术大全. 北京：化学工业出版社，2014.